新闻传播研究书系

微博空间内的生活垃圾分类政策传播：
议程互动与政策认同

张立 张雪 邹霞 著

西安交通大学出版社
XI'AN JIAOTONG UNIVERSITY PRESS

图书在版编目(CIP)数据

微博空间内的生活垃圾分类政策传播:议程互动与政策认同 /
张立,张雪,邹霞著. --西安:西安交通大学出版社,2023.11
ISBN 978 - 7 - 5693 - 3490 - 6

Ⅰ.①微… Ⅱ.①张… ②张… ③邹… Ⅲ.①互联网络-应用-
生活废物-垃圾处理-传播媒介-研究 Ⅳ.①X799.305 ②G206.2

中国国家版本馆 CIP 数据核字(2023)第 202224 号

书　　名	微博空间内的生活垃圾分类政策传播:议程互动与政策认同
	WEIBO KONGJIAN NEI DE SHENGHUO LAJI FENLEI ZHENGCE CHUANBO:YICHENG HUDONG YU ZHENGCE RENTONG
著　　者	张　立　张　雪　邹　霞
责任编辑	赵怀瀛
责任校对	李逢国
封面设计	任加盟
出版发行	西安交通大学出版社
	(西安市兴庆南路 1 号　邮政编码 710048)
网　　址	http://www.xjtupress.com
电　　话	(029)82668357　82667874(市场营销中心)
	(029)82668315(总编办)
传　　真	(029)82668280
印　　刷	西安明瑞印务有限公司
开　　本	720 mm×1000 mm　1/16　印张 13.375　字数 240 千字
版次印次	2023 年 11 月第 1 版　2024 年 7 月第 1 次印刷
书　　号	ISBN 978 - 7 - 5693 - 3490 - 6
定　　价	88.00 元

如发现印装质量问题,请与本社市场营销中心联系。
订购热线:(029)82665248　(029)82667874
投稿热线:(029)82668133
读者信箱:326456868@qq.com

序 言
Preface

　　城市化进程的加快使"垃圾围城"成为城市治理难以回避的问题。自 2017 年 3 月《生活垃圾分类制度实施方案》颁布后,各省、市、自治区政府陆续开始进行政策宣传与动员。公共政策在落地实施的过程中必然需要依靠政策传播。互联网的普及使主要媒介逐渐从大众传播时代占据主导地位的广播、电视、报纸转变为更加注重双向互动的网络和新媒体,同时集多种模态于一体的话语表达方式上升为主体传递信息与构建意义的重要方式。公众作为利益相关者,在政策施行过程中,为了维护自身利益,积极参与政策讨论,并与政府议程形成互动关系。已有研究证实,宣传动员深刻影响着公众对生活垃圾分类政策的认知、情感和态度。媒体的环保宣传,对国家相关政策、法规、制度的传达均对公众的生活垃圾分类行为意向有显著的正向影响。生活垃圾分类政策的落地实施与推广,有赖于积极的政策宣传与对公众参与意愿的激发。作为新媒体时代主要的动员工具,政务微博发挥着重要作用。近年来,随着社交媒体的迅速发展,公众的权利意识日渐觉醒、参与意识逐渐增强,积极参与到政策话语建构与互动的过程中。公众开始关注多方议题、寻求发声路径、提出自身诉求,以期获得政策支持,一些引起广泛讨论的事件都是公众借助社交媒体平台发声,以使公众议程扩大化,进而影响政策议程的典型案例。

　　垃圾分类一直是环境保护的重要方面,也是全人类共同面对的难题。我国最早于 20 世纪 90 年代就曾提出过生活垃圾分类的概念,但在当时"生活垃圾分类"仅是一个新兴且陌生的词语,多数民众并不了解其内涵,甚至鲜有耳闻,政府层面的意识也不够先进,并没有采取相应的措施。2000年6月,原建设部发布《关于公布生活垃圾分类收集试点城市的通知》,明确8个试点城市,即北京、上海、南京、广州、厦门、深圳、杭州、桂林。但在政策实施过程中,城市间出现了较大的差异,且由于当时的经济条件有限,居民对此认识不够及素质普遍偏低等原因,生活垃圾分类的试点成效并不明显。2010年开始,多个发展较快的大城市出台了各市的生活垃圾分类管理条例或实施办法,陆续成为我国在这一行动上的先锋城市。2015年4月,住房和城乡建设部联合其他部门公布了首批涵盖26个城市(区)的生活垃圾分类示范城市(区),以在全国树立起标杆,发挥带头作用。在这个阶段,生活垃圾分类在全国的覆盖度仍然不够,且国家仍然在进行对政策的倡导。2017年3月发布的《生活垃圾分类制度实施方案》提出到2020年底,基本建立垃圾分类相关法律法规和标准体系,形成可复制、可推广的生活垃圾分类模式,在实施生活垃圾强制分类的城市,生活垃圾回收利用率达到35%以上。2019年,《住房和城乡建设部等部门关于在全国地级及以上城市全面开展生活垃圾分类工作的通知》为不同地区设立到2020年、2022年和2025年基本建成生活垃圾分类处理系统的目标,生活垃圾分类工作在全国范围内全面启动。2019年11月,《生活垃圾分类标志》标准发布,在全国统一推进实施生活垃圾分类政策。2020年7月,国家发改委、住房和城乡建设部和生态环境部联合发布《城镇生活垃圾分类和处理设施补短板强弱项实施方案》,按照党中央、国务院决策部署,提出要加快补齐生活垃圾分类和处理设施短板弱项,为生活垃圾分类政策实施提供设施保障。2020年11月,住房和城乡建设部等多部门印发《关于进一步推进生活垃圾分类工作的若干意见》,总结生活垃圾分类工作现状,进一步作出工作部署,并重申到2020年底和2025年底的建设目标。

本研究着眼于宏观层面的社会治理体系转变,即政府在善治理念引导下引入协同共治理念,管理型政府发展为治理型政府;媒介化社会的到来使媒介在社会治理中的地位日益重要,同时,公众的参政意识和水平不断提高。政府、媒介、公众三者在治理参与的观念与方式上相互结合与嵌入,互联网则为各主体话语表达与主体间合作提供了新型方式和理想平台,新媒体社会治理功能实现从工具化到平台化的转变。在这一时代背景下,基于新闻传播学与其他诸学科交叉融合及聚焦新媒体研究的发展态势,笔者选择了环境传播与政策传播的交叉研究领域,从环境政策传播入手,具体考察生活垃圾分类政策在微博空间内的传播现状,结合信息生态理论,借用多模态话语分析和"超语"视角,并结合社会网络理论,选取具体案例,对政务微博平台上生活垃圾分类政策的动员效果影响因素进行研究,使用定性比较分析法对所研究要素的联动机理展开实证分析。笔者转变传统单一的议程设置视角,采用案例分析和实证分析,研究垃圾分类政策传播中多元主体的议题建构、互动过程及相关关系;基于认同理论,对政策引导中的议程断裂及传播渠道阻塞等问题作出解释,并对公众在不同阶段关注的议题进行归纳分析,探讨议程互动后产生的话题共振现象;以微博平台为互动、博弈空间,对生活垃圾分类政策的认同体系进行建构,从特殊性归纳出普遍性,为政治沟通提供微观视角,为建构其他语境的传播过程提供参考。此外,注重在全过程中对网络"超语"特征进行分析,以充分明确新媒体环境下的多主体沟通方式和由此形成的新型虚拟社会空间,促进其对传播效果发挥作用。笔者从社会现实出发,基于生活垃圾分类政策在社交媒体平台的传播情况,在理论层面进行影响因素、互动机制、共振机理、认同建构等方面的剖析,最终观照现实,发现困境并提出对策。

笔者

于西安交通大学

目 录
Contents

第1章

绪 论

1.1 背景与问题

经济的飞速发展、工业化进程的持续加快等原因造成我国某些地区生态环境恶化,环境污染问题日益严峻,以空气污染、水污染、垃圾围城等为代表的环境风险事件频发。虽然近年来政府对环境污染问题高度重视,治理力度不断加大,但是多方协同以寻求环境问题的解决办法迫在眉睫。一方面,公众基于身边环境不被破坏的诉求,通过媒介平台主动设置环境政策议题,以期引起媒体和政府的关注,进一步促进环境保护政策的出台与优化;另一方面,政府针对亟待解决的环境问题出台相应政策,为使公众了解政策信息并同公众更好交流,政府部门借助媒体和各平台实现政务公开和信息反馈,以提升环境政策执行效果。

随着社会主义民主法治建设的日渐成熟,我国社会治理模式逐渐由管理型转向服务型,在公民本位、社会本位理念的指导下,政府行使权力不再是以堵为主的管制,而是以"疏"代"堵",主动利用互联网服务公众。自2009年以来,各地政府纷纷建立网络发言人制度,将互联网作为倾听民声、汇集民意、引导舆论的重要阵地。根据人民网舆情数据中心于2021年1月22日发布的《2020年政务微博影响力报告》,截至2020年12月31日,经微博平台认证的政务微博账号数量达17.7万[1]。政务微博不仅有力提升了政策议程构建的开放度和政务机构的服务力,也为政府决策者提供了倾听民众意见、为民众排忧解难、与公民实现协同善治的机遇。潘岳认为"好的政治理念应当依靠公众参与来落实"[2]。"多元共治"成为助力环境政策落地的重要环节。

政策在落地实施的过程中必然涉及传播与宣传,而政策传播是传播学研究的重要类目,主要涉及政府、媒体和公众三个主体。公共政策的制定和完善是政府作为决策者对社会价值进行权威性分配的过程。公共政策从本质上说是要解决多方利益的分配问题。互联网的普及使大众传播时代占据主导地位的广播、电视、报纸等渐渐式微，而更加注重双向互动的网络和新媒体日趋强势，同时，集合多模态为一体的话语表达方式上升为主体传递信息与构建意义的重要方式。公众作为"利益相关者"，在政策施行过程中，为了维护自身利益，积极参与政策讨论，并与政府议程形成互动关系[3]。近年来，随着以微博为代表的社交媒体的迅速发展，公众的权利意识日渐觉醒，参与意识逐渐增强，他们积极参与到政策话语建构与互动的过程中，开始关注多方议题、寻求发声路径、提出自身诉求，以期获得政策支持。公众借助社交媒体平台发声，使公众议程扩大化，进而影响政策议程。

基于上述背景，笔者试图厘清环境政策的网络传播过程，选择近年来关注度高、影响力大、覆盖面广的生活垃圾分类政策作为研究对象，以政府、媒体、公众三方主体共同存在且易形成互动的微博平台作为研究载体，分析多方主体围绕这一政策在微博空间内产生的新媒体动员、议程互动、话题共振和认同建构等传播行为。

■ 1.2　研究设计

1.2.1　研究意义

本研究顺应了新闻传播学科与多学科交叉融合及聚焦新媒体研究的发展态势，选择了环境传播与政策传播的交叉研究领域，从环境政策传播入手，结合信息生态理论，借用多模态话语分析和"超语"视角，并结合社会网络理论，选取具体案例，对政务微博平台上生活垃圾分类政策的动员效果影响因素进行研究，使用定性比较分析法对所研究要素的联动机理展开实证分析；转变传统单一的议程设置视角，采用案例分析和实证分析，研究垃圾分类政策传播中多元主体的议题建构、互动过程及相关关系；基于认同理论，对政策引导中的议程断裂及传播渠道阻塞等问题作出解释，并对公众在不同阶段关注的议题进行归纳分析，探讨议程互动后产生的话题共振现象；以微博平台为互动、博弈空间，对生活垃圾分类政策的认同进行建构，从特殊性归纳出普遍性，为政治沟通提供微观视角，为建构其他语境的传播过程提供参考。此外，注重在全过程中对网络"超语"特征进行分析，以充分明确新媒体环境下的多主体沟通方式和由此形成的新型虚拟社会空间，促进其对传播效果发挥作用。

从社会现实出发,基于生活垃圾分类政策在社交媒体平台的传播情况,在理论层面进行影响因素、互动机制、共振机理、认同建构等方面的剖析,最终观照现实,发现困境并提出对策。具体而言,政策的出台和执行首先需要良好的动员,新媒体平台为此提供了新途径。本研究为如何将新媒体动员效果最大化、怎样配置各种影响因素提出建议,为政府建设政务微博提供参考,满足政策动员的需求,加强政府自上而下的动员能力,为政府回应及舆论引导提供现实基础,同时有助于公众在面对环境问题与政策时,采用合理有效的方式申诉自身的要求,最终促成社会和公众对生活垃圾分类政策的执行。通过对环境政策传播中多元主体的议题建构与互动研究助力环境政策的出台和完善,探究三方主体在传播中的不同表现,促进良性互动,实现政策的有效落实。

1.2.2　研究方法

本研究主要基于两种来源的资料。一是获取了微博空间内涉及政府、媒体、公众等主体且与生活垃圾分类政策密切相关的博文。一方面用人工收集的方式获取小规模样本,在全国各省会城市的政务微博上搜索获得千余条相关信息,并记录转发、评论、点赞的具体数量。另一方面运用 Python 抓取 2019—2020 年微博平台上所有的相关评论数据,具体分为三步:第一步,根据地域因素和议题因素爬取生活垃圾分类的全国数据,并根据地理分区对其进行地域分类;第二步,根据新浪微博用户认证对政府、媒体、公众、环保组织原创微博进行分类,通过程序爬取和人工筛选相结合的方式,利用加权求和等运算方法获得用户态度值数据;第三步,使用 Python、TF-IDF 与 LDA 等算法处理数据。二是选取具有典型性、代表性的环境治理案例和微博空间内生活垃圾分类政策的传播案例,增强研究结果的解释力和适用性。

在不同章节选取适用方法,融合各种研究方法,具体介绍如下。

1. QCA 研究方法

定性比较分析(qualitative comparative analysis,QCA)由查尔斯·拉金(Charles Ragin)于 1987 年最早尝试引入社会科学研究相关领域,其以案例为导向,以集合和布尔代数为逻辑支撑,介于质化研究和量化研究之间,同时又融合了定性和定量研究方法的优势。拉金将 QCA 分为研究取向和操作技术。作为研究取向的 QCA 是一种分析复杂社会现象的思路和视角,以探寻原因组合路径超越固有的二元研究路径;作为操作技术的 QCA 是一种具体的实践方法和工具,目前主要包括基于清晰集的 cs(crisp)-QCA 技术、基于模糊集的 fs(fuzzy)-QCA 技术、基于多值集的 mv(muti-value)-QCA 技术和关注到时序性的 T(time/temporal)-QCA 技术[4]。在第 4 章分析新媒体动员时，选择 QCA 研究方法，主要有三点原因：一是因为政府在进行生活垃圾分类政策的动员时并没有统一的标准或要求，各政务微博在自身建设和信息呈现上存在自主性和差异性，因此有必要选取多案例进行分析研究，而案例研究正是 QCA 的导向；二是因为生活垃圾分类政策在政务微博上的动员效果本来就是复杂多维度要素共同作用的结果，比如动员主体、动员环境、动员内容等，这些因素与结果不存在单一、直接的因果关系，而是在各种复杂条件下形成组合，解释一种社会现象；三是因为 QCA 研究方法适用于中小样本，满足我国各个省、市、自治区的最大数量需求。

2. 案例研究法

案例研究法是指通过分析案例理解事件及其背后规律，得出结论或新命题的过程。"生活垃圾分类"是从 2017 年国家政策出台持续至今的核心热点议题，其影响力大、重要程度高，笔者选取这一热点环境政策作为研究对象，将案例研究法贯穿始终。第 4 章结合多个省会城市在政务微博上发布的相关信息和公众参与的程度，以变量和指标分析得出结论；第 5 章结合两种不同路径的环境政策议程典型案例，分析政府、媒体、公众在具体环境政策传播中的互动模式；第 6 章深入挖掘和研究具有典型性和代表性的生活垃圾分类政策相关焦点事件和案例；第 7 章围绕垃圾分类政策剖析政策认同产生的过程，并且在全书中使用多个案例佐证分析结果。

3. 内容分析法

内容分析法主要是将传播内容转化为客观、定量的数据进行分析的方法，通过测量变量得出较为客观的结果。笔者以生活垃圾分类政策为内容分析的研究对象，爬取在该政策传播过程中，政府、媒体和公众在微博平台上的所有言论，其内容既包括政府通知、文件、法规，也包括媒体对政策的报道、评论，还包含公众对政策的广泛讨论，将这些文字信息通过编码量化为数据，通过数据解读，分析生活垃圾分类政策的传播效果。

4. 统计分析法

笔者以生活垃圾分类政策中政府、媒体和公众的博文及评论为研究数据，使用 K-means 计算方法进行聚类分析，运用 SPSS 软件对数据进行皮尔逊(Pearson)相关分析，分析政府议程、媒体议程和公众议程两两之间的线性相关性；运用 Python 进行话题因素、地域因素、态度值和话题热度测算，构造仿真曲线分析微博空间的热点事件话题共振规律;运用 TF-IDF 与 LDA 算法进行聚类分析,对样本进行前期预处理,并概括政府、媒体和公众对于垃圾分类关注的主题。

5.数学建模

引入物理共振模型,通过对随机共振模型进行改进和完善,建立了话题共振测算模型。通过话题建模和对相关模型因子的测算,比较生活垃圾分类政策第一阶段(酝酿期、试点期)和第二阶段(扩散期)是否产生共振,并阐述共振机理和演化逻辑。

1.2.3 研究内容

着眼于宏观层面的社会治理体系转变,政府在善治理念引导下向协同共治过渡,管理型政府发展为治理型政府,媒介化社会的到来使媒体在社会治理中的地位日益上升,同时,公众的参政意识和水平不断提高,三者在治理参与的观念与方式上相互接合与嵌入,互联网则为各主体话语表达与主体间合作提供了新型方式和理想平台,新媒体社会治理功能发生从工具化到平台化的转向。在这一时代背景下,笔者以近年来备受各界关注的环境问题和出台的相应政策为切入点,具体考察生活垃圾分类政策在微博空间内的传播现状,综合分析网络空间内,政府的新媒体动员、多方的议程互动和话题共振、最终获取政策认同等一系列传播行为背后的作用机制,在此基础上提出优化新媒体环境下环境政策的传播策略。

第 1 章"绪论",主要从协同视角下,依据政府治理方式的转变和公众参政意识与地位日益提升的事实,论述新媒体环境下政策传播的宏观和微观背景,明确研究重点,阐明研究设计的整体思路。

第 2 章"环境政策的网络传播"和第 3 章"微博空间内生活垃圾分类政策传播现状",从环境政策的网络传播再到微博空间内的传播,层层递进,具体分析传播的内容、特征、规律等,从宏观、中观和微观的视角梳理环境政策传播的方方面面。

第 4 章"微博空间内生活垃圾分类政策的新媒体动员",从动员的视角,首先陈述了与新媒体动员相关的理论及研究应用现状,随后阐释了案例选择的依据,并对原始数据进行收集,为动员效果设计变量,构建了变量指标体系,搭建了新媒体动员系统,运用 QCA 分析方法对变量的具体维度进行单变量分析和条件组合分析,得到影响生活垃圾分类政策动员效果的充分或必要条件,结合"超语"特征及表现形式,通过典型案例进行验证。

　　第 5 章"微博空间内生活垃圾分类政策的议程互动",首先阐述了与议题建构、议程互动有关的核心概念和理论,随后深入分析环境政策传播过程中多元主体的议程互动过程,剖析自上而下的吸纳式政策与自下而上的触发式政策的传播过程,分析上述两种政策传播中政府、媒体、公众三者的互动过程,最后运用内容分析法建构生活垃圾分类政策的属性类目,分别分析了在该环境政策议程中,政府、媒体和公众的议题建构过程,进而分析了政府议程、媒体议程和公众议程三者之间的相关关系。

　　第 6 章"微博空间内生活垃圾分类政策的话题共振",首先引入物理学的随机共振理论,解析了新媒体平台的话题共振形成及演变机理,随后结合典型案例对微博空间热点事件舆情演化规律进行梳理,分析微博空间热点事件议程互动演变过程,对微博空间热点事件话题共振现象进行分析,最后构建话题共振模型,进行生活垃圾分类数据聚类分析并测算其话题因素、地域因素、态度值及前后阶段话题热度。

　　第 7 章"微博空间内生活垃圾分类政策的认同建构",首先考察政府、媒体和公众三大主体在微博空间中的互动博弈,基于议程设置理论、公民文化理论、政治系统理论对政策认同过程进行解析,通过对爬取数据进行内容分析和统计分析,归纳政府、媒体和公众对于垃圾分类关注的主题,通过对政府、媒体和公众三者之间互动的主题分析,解析新媒体平台上公众对公共政策的认同过程,并从政策的认知、情感和评价三方面对政策认同进行建构。

　　第 8 章"新媒体环境下环境政策的传播策略",梳理政府、媒体、公众三大主体在政策传播中的表现特征,从主体建设、信息发布、内容构成三个方面提出使用政务微博进行生活垃圾分类政策新媒体动员的对策;基于全程参与和有限参与的环境政策议程互动模式,提出完善环境政策互动全程有限参与的传播模式;结合现实基础和阶段议题演变,在提高公众政策认同、促进政策贯彻落实基础上提出相应对策建议;最后提出环境政策认同建构的引导策略。

　　全书整体框架及思路如图 1-1 所示。

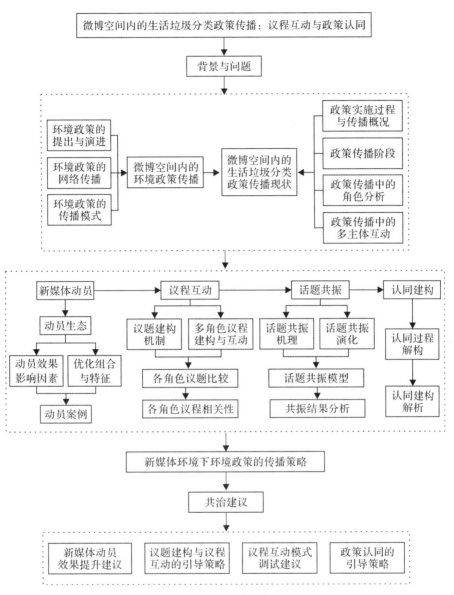

图 1-1　研究框架

第 2 章

环境政策的网络传播

■2.1 环境政策网络传播概述

公众执行一项公共政策的前提是该政策通过信息渠道进行有效传播。学者们普遍认为，传播对于政策执行的效果意义重大。杜涛将政策传播定义为政策在多元主体间传递与反馈的过程[5]；沈艳伟从政策制定的主体和政策实施的客体之间的传播互动出发，认为政策主体促进政策信息到"政策认同"的过程就是政策传播[6]。政策传播效果体现了政策执行的效果，也反映了政策传播的途径，从本质上说，该活动是为了赢得公众对政策的理解和支持，提高公众满意度，从而为政策实施营造良好的环境[7]。对于政策传播的研究集中在对其传播机制的研究层面，刘雪明等将其界定为政策在政府、媒体和受众之间的互动过程[8]。2003 年，段林毅将"政策传播"引入研究视野，提出政策传播是发生在组织与组织之间、组织与个人之间的信息流动过程，这一具有公共性的传播行为能够推动社会进步。

由于媒介形态的更新与发展，政府政策的透明度不断提高，公众对公共政策的参与度也显著提升。我国的政策传播模式经历了由"控制和宣传"向"协商和互动"的转变。学者李希光指出，在公共政策通过媒体公开的过程中，其传播模式也从直线模式、政策宣传模式、窗口模式分别转变为波形模式、新闻发布模式和压力模式[9]。环境政策传播模式一方面可以直观地体现政策传播的整体过程，另一方面，也能表现出传播过程中的传播要素及其关系。伊斯顿的动态回应模式出现于 20世纪 60 年代，随着人们对于媒介理解的加深，研究者开始重视媒介在政策传播中的作用，提出"中介政治模式"，但批判理论却将媒介视为资本主义涉足政治生活、掌握政治权力的工具。持批判观点的学者认为媒介被意识形态所支配，具有一定的立场，不能够作为中性的传播渠道而存在。在后媒介时代，公众开始活跃于新闻生产和新闻传播领域,人人皆是自媒体的现状使得公民新闻成为常态,为政治系统的有效运转提出了另一种选择。赵月枝提出中国媒介应该在党的领导下,摆脱商业性、市场性的控制,应当看到多元因素对传播模式的影响,在变革中寻找一种适合中国国情的传播方式[10];也有学者发现了我国政策传播的转变,提出了符合现实的"从控制到协商"模式,体现了政策决策不再是政府"一言堂"的模式,而是要经过国家→媒体→市场→社会的过程,参与主体基于各方利益综合做出决策[11];学者李希光和杜涛基于我国现实情况,从传播要素、传播途径和传播关系的角度提出了我国政策传播的六种模式及其转变:从直线模式到波形模式、从政策宣传模式到新闻发布模式、从窗口模式到压力模式[9]。

新媒体环境下,我国政策传播模式呈现出自上而下和自下而上的混合特征。在新的传播模式中,传播主体由单一的政府、媒体扩散到平民阶层,单向的政治传播进一步演变为多向的政治传播。首先,当环境事件引发政府注意,政府会召开会议制定草案;草案形成后流入微博等公共空间,媒体对草案进行转发、宣传,利用自身专业性的优势广泛收集公众意见,建立环境议题,组织媒体议程,重复刷新公众对于政策问题的认知;公众根据政策内容,提出修正意见,直接或间接反馈给政策制定者,自上而下的传播过程由此完成。当然,政策传播并不是一个简单的传播过程,环境问题复杂,网络信息海量且冗杂,政府想要面面俱到几乎不可能,此时以公众为主导的政策议程开始发挥作用。公众群体庞大,作为政策传播的新动力,能够主动发现环境问题,在政府设置的政务微博等平台率先表达诉求,对类似的环境问题有相似看法的其他群众不断被吸引,公众意见开始聚集,自下而上倒逼政府对政策进行调试,以满足公众诉求,多元主体、多向互动、网状传播使政策传播模式完成了新的突破。

为了进一步了解政策的网络传播何以发挥作用,有学者对其原因进行了探究。一部分学者从微观角度切入,着眼于传播主体使用的策略。美国政府组织在Twitter上行动活跃,而他们的关键点即在传播时传递用户社交存在感,让利益相关者与创建这些关系的选民对话,并且用Twitter报道新闻、共享信息、提供信息来源和协调合作等[12];加拿大政府机构使用Twitter进行民主互动、履行服务承诺,显示了其成熟和广受赞誉的电子政府战略,促成政策的网络传播[13]。可见,网络凸显了终端网民的重要性,依据目标群体选择正确策略有助于积极效果的产生。还有部分学者从宏观角度切入,着眼于网络传播本身的优势和带来的契机,网络传播可以提高政府效率、促进政策执行、增强民众参与,与传统媒体传播相比,主体社会化、渠道多元化、时效最大化、多方互动和多元解读等优势明显[14];带来了从政府宣传到媒体传播、直线传播到波形传播、单向传播到双向传播等方面的传播模式更新和传播格局改变[15]。此外，科技进步使网络不仅局限于互联网，而是与多种技术形成了互联共享，大数据挖掘和分析技术就对浙江省"五水共治"公共政策的网络传播产生了促进作用，有利于辅助传播，还可以反映政策的贯彻落实情况[16]。

政策的网络传播通过微观策略和宏观契机都能够产生积极作用，这种积极作用表现在社交媒体可以加强公民对政治和社会事务的参与，促进政府信息传播，且不同平台具有异质性，Facebook 可能比 Twitter 更合适。政府也许并不了解网络传播互动特征，对激发用户参与的目标也并不清楚，行为和意愿由此出现背离，其针对公民的直接网络策略并不一定会激发公民参与政府的社交媒体活动[17]；有学者发现社交媒体并未促进政府信息的传播，提出技术本身不会带来变革，使用方式和环境会影响政策信息的网络传播[18]。其他主体也会影响政策的网络传播，网民主要通过情绪表达强度干预公共政策，媒体则通过新闻关注热度进行干预，情绪和新闻的取向共同影响着政策议程和传播，失常的强度和热度会导致效果不尽如人意[19]。

对于政策网络传播的效果，已有研究多认为网络传播存在多元、互动的优势特征，但政策借助网络传播的整体效果并不算好。一方面，从传播主体来看，部分进行政策传播的官方媒体虽然在不断进行新的尝试，但并未表现出充分顺应和利用新媒体技术特性的积极作为，简单来说，仅是做了平台方面的迁移，却并未掌握网络传播的规律[20]；官民分离则是主体建设不足的主要表现，政府机构不仅缺少对精致话语的民间解读，也缺少对目标群体的分析和双向互动，甚至由于机制不完善而出现政策谣言，阻碍传播效果[14]；国外也有学者认为政府机构在使用 Twitter 与受众进行交流时，仍然主要依靠单向输出进行传播，而非普遍认知的双向对称对话，这种交流可能会阻碍政府政策的传播[21]。另一方面，从传播受众来看，目前我国有些网民的素质偏低，其发布的信息存在非理性[22]；政策网络传播的效果还存在地域差异和人群差异，网络、手机等传播的新载体虽然日益普及，但在对农村传播公共政策时，还是受到农村地区媒介接触率低和农民群体存在数字鸿沟的影响[23]。部分学者对政府机构借助网络进行政策传播提出了优化建议和对策。在政府机构的自身建设方面，应当与时俱进，其思维理念、基础设施建设、传播途径都应与"互联网＋"形成融合，从而形成更优的公共政策传播[24]。在新媒体时代，培养善用专业团队、掌握适用语言风格、把握公众心理、提升意见领袖影响力、打造相关平台、注重反馈等[25]也是政府机构必须掌握的本领。在明确网络传播的互动特质和受众地位方面，不仅需要打造"政策信息服务人"，更应建立健全政策传播制度,注重传播效果,重启互动模式[26];为公民政策参与提供便捷渠道、合理的"介入机制"和政策协商机制,同时提升自我媒介素养和新媒体传播素养[27][28];面对愈陷愈深的网络数字鸿沟,打通两个舆论场是跨越鸿沟的途径,具体表现为扩大公民政治参与机会、深入民间舆论场、与意见领袖和新媒体平台进行合作[29]。

同样值得关注的是,在政策网络传播的过程中,以文字为主的传统传播模式已经发生改变,文字之外的图像、动画、音频、视频等新形式不断涌现,话语分析逐渐向"超语"和"多模态"转向。2001 年,超语(Translanguaging)概念被提出,该词最早与教育领域密切相关,指双语习得者对语言使用的自然切换。李嵬通过系统梳理,提出超语实践理论的内涵,突出强调语言的社会政治属性,以及其作为认知与文化活动的社会建构意义、超越语言和认知系统边界的能力、改变语言与身份认同的潜力,并观察到社交媒体等新兴媒介为超语实践提供的有利空间与空间内的多模态话语分析相契合。超语在学界更多以理论提出,多模态话语则被作为具体分析的对象,分析方法是将语言与非语言符号相结合,探究符号组成的表义系统和话语意义,解释传播过程中的交际与互动。从 1977 年至今,多模态话语分析方法经历了系统功能符号学、多模态互动分析、语料库语言学多模态话语分析、认知语言学多模态隐喻分析等理论模型,肖珺在此基础上讨论了新媒体传播的多模态适用性,展现出模态与话语的互动、双模态带来的全球化与本土化交融、网站话语机构参与者间的建构关系、多模态间隐喻与转喻的转播效果等。多模态话语分析常用于对新媒体的探索,在以微博为代表的新媒体空间内,各种符号以互补或非互补的关系组成语境统一、意义连贯的语篇,共同建构意义,针对政策传播的相关研究则相对欠缺,倾向于与政治和主流媒体相关联,分析视角多为微观案例。政务短视频、时政微视频等能够在一定程度上将严肃的政治话题轻松化,视觉感官与文字信息共同完成意义建构,文字蕴含主题意义,声音烘托情感氛围,图像以再现、互动与构图进行多元场景叙事,在视觉呈现、叙事表现、制作传播等方面均体现出多模态话语对讲好中国故事、塑造国家形象、口碑建设与信息传播的重要作用;主流媒体微信推文也呈现出传播的多模态转变,宣传力度随之增强,但也存在策略运用不足的问题,有必要平衡"音、情、数"等模态的使用;漫画政治、表情包"大战"等从正反两方面增强了信息传播力和公众参与程度,多模态借助互联网实现强大的社群集聚和议题设置,成为网络传播的新形式。吴远征进一步发现多模态话语用于治理的可能,积极的价值观引导和话语传递成为建设和谐社会的重要方式。

2.2　网络空间内的环境政策传播模式

政策传播的要素囊括传播主体、传播途径、传播内容、传播效果等。在政策认同过程中，多元主体要科学统筹各个要素及其关系，以便更好地为政策传播服务，达成政策共识。与其他政策不同，环境政策的传播更具争议性和矛盾性，且更易呈现自下而上传播的特点。环境政策的制定和传播一般与事件的驱动分不开，邻避现象、污染事件等与公众生活密切相关，与公众切身利益紧密联系，事件的频发与重叠能增加公众对于环境议题的关注与建构，而且由这些事件引发的冲突、矛盾等也会刺激公众不断申诉，争取合法权益。另外，由环境引发的一系列事件本身就属于焦点事件的范畴，焦点事件极易带动处于事件中心圈公众的情绪。事件会一圈一圈向外传播扩散，更多的公众加入对环境事件的探讨，给政府施加压力，环境议题由此自下而上传播。环境政策传播过程需要政策主体、被设置的客体和政策传播的环境共同建构。所谓政策主体，指包括政府、媒体、公众、环保组织在内的各个参与主体；环境政策传播是多方主体共同就某一环境政策进行问题提出、过程监测和方案选择讨论的信息传播过程。

公共政策传播的前提就是信息的流通[30]，作为政策制定主体，执政党、政府机构、国家公权力机构掌握着对于环境政策的提案和制定权；媒体由于自身的独立性，对于进入政策传播过程中的环境信息具有把关权；公众和利益团体借由新媒体技术的便利性，充分地表达自身的利益诉求，吸引相同意见者，迅速壮大公众议程队伍，对环境政策议题具有强大的话语权和反馈权。在政策传播过程中，政策主体在微博空间中不断进行议程设置，来促使各自的意见被吸收、被采纳，其中，被设置的政策议程包括两方面，即政策议程沟通参与的利益相关者和需要改变的现实问题。因此，在环境政策传播过程中，政府期望通过宣传、教化等手段影响直接的利益客体，包含利益相关者在内的公众则期望相互联合，反作用于政府议程，推动公众对政策议程的设置，实现自己的政策诉求。

第3章

微博空间内生活垃圾
分类政策传播现状

■ 3.1 生活垃圾分类政策的实施过程与传播概况

垃圾分类一直是环境保护的重要方面,也是全人类共同面对的难题。在我国,最早于 20 世纪 90 年代就曾提出过生活垃圾分类的概念,但在当时仅是一个新兴且陌生的词汇,多数民众并不了解其内涵,甚至鲜有耳闻,政府层面的意识也不够先进,并没有采取相应的措施。2000 年 6 月,我国以政策形式明确过生活垃圾分类,原建设部发布《关于公布生活垃圾分类收集试点城市的通知》,明确 8 个试点城市:北京、上海、南京、广州、厦门、深圳、杭州、桂林。但在政策实施过程中,城市间出现了较大的差异,且由于当时的经济条件有限,居民认识不够先进及一些居民素质偏低等原因,生活垃圾分类收集的试点成效并不明显[31]。

2010 年开始,多个发展水平较高的大城市结合自身生活垃圾分类现状,在国家的引导下,出台了各市的生活垃圾分类管理条例或实施办法,陆续成为我国在这一行动上的先锋城市。2015 年 4 月,住房和城乡建设部公布了首批涵盖 26 个城市(区)在内的生活垃圾分类示范城市(区),以在全国树立起标杆,发挥带头作用。在这个阶段,生活垃圾分类在全国的覆盖度仍然不够,且国家仍然处于倡导政策的阶段,在示范城市的评选上也主要使用自主申报和国家审核的模式,地区的主动性起到重要作用。

2017 年 3 月,《生活垃圾分类制度实施方案》发布,并经国务院转发下达至各省区市,要求部分地区先行实施生活垃圾强制分类,重点区域为公共机构和相关企业,在具体实施办法上仍然赋予各地区主导权,提出到 2020 年底,基本建立垃圾分类相关法律法规和标准体系,形成可复制、可推广的生活垃圾分类模式,在实施生活垃圾强制分类的城市,生活垃圾回收利用率达到 35% 以上[32]。

2019年初，《住房和城乡建设部等部门关于在全国地级及以上城市全面开展生活垃圾分类工作的通知》为不同地区设立到2020年、2022年和2025年关于生活垃圾分类处理的目标，生活垃圾分类工作在全国范围内全面启动。2019年11月，《生活垃圾分类标志》标准发布，并于12月1日正式实施，当月还在微信端上线了"全国生活垃圾分类"小程序，从全国统一推进了生活垃圾分类政策的实施。

2020年7月，国家发改委、住房和城乡建设部和生态环境部联合发布《城镇生活垃圾分类和处理设施补短板强弱项实施方案》，按照国务院的部署，提出要加快补齐生活垃圾分类和处理设施短板弱项，以为生活垃圾分类政策实施提供设施保障。2020年11月，住房和城乡建设部等多部门印发《关于进一步推进生活垃圾分类工作的若干意见》，总结生活垃圾分类工作现状，进一步作出工作部署，并重申到2020年底和2025年底的建设目标。

综上所述，我国生活垃圾分类从概念提出至今已经有30余年，发展过程可以分为三个阶段：①2010年以前，国家主要进行生活垃圾分类的宣传和初步的地区试点，但未形成体系，公众了解较少，试点效果不明显；②2010年至2017年3月，国家使用倡导型政策工具提供宏观指导，并未出台具体措施，部分地区主动进行政策制定和实施，起到良好的示范作用，但全国覆盖度不足，各地区间存在较大差异；③2017年3月至今，国家使用强制性政策工具要求政策落实，通过完善基础设施、制定统一标志、开发分类标准查询程序等措施服务地方，并提出总体目标，逐步推进政策落实。

■ 3.2 生活垃圾分类政策在微博空间内的传播阶段

通过对生活垃圾分类政策的梳理可知政策的实施需经历一个复杂且漫长的过程，以"生活垃圾分类"为关键词在百度指数上进行搜索，以了解公众对于垃圾分类政策的认知，搜索指数的变化趋势如图3-1所示。

根据百度指数，将"生活垃圾分类"政策划分为以下三个阶段：以2019年1月31日上海市人大会议通过《上海市生活垃圾管理条例》到2019年6月30日为政策酝酿期；2019年7月1日上海实施强制生活垃圾分类至2019年8月31日为政策试点期；以2019年9月1日以西安等城市为代表实施垃圾分类政策至2020年12月31日为政策扩散期。

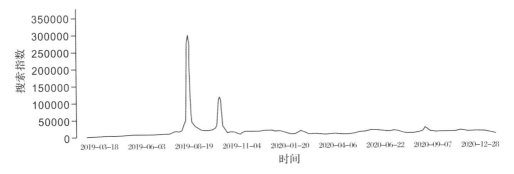

图 3-1　"生活垃圾分类"搜索指数图

3.2.1　政策酝酿期

政策酝酿期包括调查研究、提出方案、审定方案三个环节。调查研究主要是从众多社会现象中发现有损公共利益的社会问题,搜集各方面资料,为社会问题提供成为政策议题的基础。根据调查研究,草拟出解决社会问题的具体可行的方案。这一阶段的参与主体主要是政府机构及其官员。审定方案是验证草拟出来的方案的科学性、合理性和客观性,以此来判断该方案是否可行。在审定环节,政府会将草案发布,通过听证会、座谈会、新闻发布会、网络问政等方式,征求目标群体即公众的意见和观点。

政策酝酿期通常是环境政策的初始传播阶段,同时也是政策议题形成的潜伏期。以公众为主和以政府为主的政策议题发起是其主要模式。对于政策科学性、合理性的验证是政策酝酿期的目标。这一时期,媒体处于辅助状态,一方面要对政策进行全面认知、全面解读、全面宣传,另一方面要做好政府与公众之间的传声筒,搜集政府诉求和公众诉求,相互反馈。2019 年 1 月 31 日,上海市发布相关条例,公众立即针对垃圾分类这一政策议题展开激烈讨论。他们借助微博平台,针对政策信息发声,从而吸引了更多的网民和意见领袖进入舆论场。部分公众认为垃圾分类是社会发展的大趋势,是文明社会的重要标志,应该积极支持。部分公众认为要想落实生活垃圾分类政策,强制不是第一步,重要的是先实行生活垃圾分类知识的科普。还有部分群众对生活垃圾分类政策持质疑态度,他们质疑政府的办事能力和公众的环保行为。在政策酝酿期,政府和媒体搜集到了公众对生活垃圾分类政策的意见和诉求。

3.2.2　政策试点期

政策试点是中国特色社会主义政策制定中的特色机制。基于试验理念，将试验这一方法应用于公共领域中的社会决策，将特殊性转化成普适性。政策试点的运行，不仅能够使政府验证政策的科学性、合理性，在最大程度上规避因政策手段和政策工具的不确定性产生的风险，也能够将地方经验推广至全国范围内实施。政策试点不是简单的尝试，而是建立在前期大量的准备工作上，如政策试验点的筛选、政策试验方案和政策备选方案的制定。当完成试点工作后，政府会根据试验结果对方案进行判断和评估，保证后续工作的顺利开展，这正说明了政策试点是政策的求解与生成。另外，政策试点还包括政策后续的测验与示范。

《中华人民共和国固体废物污染环境防治法（修订草案）》对"生活垃圾"进行了专章规定，生活垃圾分类政策首次进入立法程序。2019 年 7 月 1 日，《上海市生活垃圾管理条例》正式实施，上海市成为全国首个强制垃圾分类的城市。政策酝酿期过渡到政策试点期，政府、媒体和公众共同发力，共同参与到对生活垃圾分类政策的讨论中。政府从生活垃圾分类知识科普、环保效益角度阐释生活垃圾分类的重要性。政策试点期首日，上海政府就颁布 623 张整改令。一些公众则从邻避视角出发，通过激烈的措辞和行动表达对于垃圾分类政策的恐惧和质疑，他们认为新出台的生活垃圾分类政策存在不合理规定。

作为中间层的媒体，既充当政府的"发言人"角色，也是公众利益的捍卫者。在政策试点期，媒体主要帮助公众答疑解惑，包括生活垃圾的类别等。政策试点期是政府、媒体和公众开始进行政策认知、达成政策共识的关键时期。如果一开始对生活垃圾分类政策略知一二，或者对生活垃圾的投放不知所措，没有使公众树立起生活垃圾分类的意识，对后续的政策执行与政策认同将会带来负面影响。

3.2.3　政策扩散期

政策扩散是政策在空间上的转移和传播，是一个渐进性的过程。政府之间通过学习、模仿等方式，根据政策意图和本地情况，对政策进行修改从而适用本地情况。政策扩散不一定都是主动行为，也可能是来源于外界压力被迫进行。政策扩散是对政策试点结果的有效评估，在政策扩散中，政府可以总结归纳影响政策传播效果的因素，对政策中不合理的地方做出修正。在政策扩散期伴随着政府、媒体和公众之间更大规模的议程互动，从社交网络的同质性来看，在群体生活中有相似之处的人往往更容易在彼此沟通中建立起联系。政策扩散使得不同地区的人们同时被同一政策约束和管制,同质性和情感体验相似性生成,媒体基于社交网络扩散的意见、看法和态度引导公众的立场、情感与影响力较大的意见领袖趋于一致,分散、模糊的议题和态度也逐渐趋于集中,此时诉求趋向一致。

生活垃圾分类政策在上海强制执行时,对政策的讨论大多集中在上海市范围内,其他地区多数群众缺乏情感共鸣。随着生活垃圾分类政策的扩散,生活垃圾分类受到更多人的关注,越来越多的公众进入舆论场,此时,公众就政策实施效果、生活垃圾分类处理环节、生活垃圾回收等过程提出质疑和诉求。媒体在此阶段继续跟踪报道,宣传新条令,通过媒介评论输出媒体的观点和立场,利用媒体的强大感召力进行舆论引导。

3.3　生活垃圾分类政策传播中的角色分析

3.3.1　政府的角色定位:政策制定者

我国的党和政府机构、国家公权力机构作为体制内的政策主体,站在战略全局的高度对环境状况进行把控,从整体利益的角度规划、制定、评估、修订环境政策,是具有行政权威的政策制定者。

在环境政策议程设置的过程中,政府并非是被动等待媒体议程和公众议程射击的"靶子",而是主动设置政策议程。在新媒体技术蓬勃发展的背景下,官方仍然掌握着一定的传播权。在我国,新闻媒体是"党和人民的喉舌",在享有一定独立性的同时,更承担着传播官方意识形态、维护社会和谐稳定的使命,政府能够通过媒体议程设置政策议程。此外,我国已形成了新闻发言人制度,在面对重要政策问题时,政府通过新闻发布会等方式,向广大公众传达官方的政策思想。在信息自由流动的网络环境中,我国政府开辟了政务新媒体渠道,开设了政务微博、政务微信、政府网站等网络媒体,直接面对公众发布政策信息,多元化的传播路径为政府提供了宽阔的信息发布渠道,有助于政府在政策制定的过程中更好地收集信息、了解民意、调整政策,从而可以更加民主地制定政策。

体制内的政策主体参与政策议程设置的目的,归根结底是为了制定能够解决实际问题、符合现实情况、满足公众需求的环境政策。

3.3.2　媒体的角色定位:议程组织者

媒体是处于中间层的议程设置主体,能够对与环境政策相关的信息进行把关与属性议程设置。笔者将媒体议程定位于有别于自媒体的大众媒体,即传统报刊、电视台、通讯社及其新媒体账号。作为专业化的传播机构，大众媒体掌握着权威的信息源、主流的信息传播渠道和最庞大的受众群，是政府了解民意的重要渠道，也是公众获知环境信息的平台。作为政府和公众沟通的桥梁，媒体在政策议程设置中不仅是信息传递的渠道，本身还承担了议程组织者的角色。

对于大众媒体的重要性，托马斯·戴伊认为，不能被媒体看作是重要问题的议题永远不会成为一个政治问题，而媒体最重要的作用在于"确定哪些是重要的事情"。大众媒体通过属性议程设置，不仅影响着公众关注什么，还影响着公众的价值观念、情感和思想，媒体有义务向公众传播国家的大政方针、政策内容，以引导舆论，同时也应当尊重公众，保持一定的独立性。基于此，大众媒体在政策议程设置中不仅承担了上通下达的作用，更贯穿政策制定始终，将公众关注的环境事件纳入议程，引起政府部门和广大公众的注意力，从而使组织议程向政策制定、评估发展。

3.3.3　公众的角色定位：政策反馈者

公共政策与公众的切身利益息息相关，对公众影响最为直接的环境政策更是如此。一项政策要实现其科学性和正当性，关键在于赢得公众的认可与主动参与。任何一个民主与法治的国家，都会在法律上确立公众是参与公共决策主体[8]。在公众参与意识逐渐觉醒的社交媒体时代，环境政策的制定离不开作为政策议程设置主体的公众。公众在了解和参与的同时积极承担政策信息的反馈者的责任。

维护自身的主体地位的关键在于参与政策议程设置的过程中，树立民主参与的意识。在这个过程中，公众不仅需要通过社交媒体平台发表意见，还应提出具有建设性的意见，这就需要公众提升自身的专业和理论水平，学习相关领域的专业知识，增强话语说服力，在参与的过程中实现"以理服人"。在自下向上的政策议程设置过程中，公众在作为政策信息的反馈者之前还扮演着提供者的角色。由于政府的注意力有限，作为体制外政策议程设置主体的公众能够发现更加多样化、亟待解决的环境问题，通过舆论表达自身诉求，为政府提供丰富的可借鉴信息，有助于实现环境政策的科学化，但是在具体的政策制定过程中，公众更多地扮演着接收者和反馈者的角色。霍夫兰的说服理论表明，公众会从感知、态度、劝服三个层面获取信息，当公众了解了有关环境政策的相关知识后，会呈现出不同的态度，在意见广场中进行广泛的讨论，形成较为一致的观点并反馈至政策议程，最后在行为层面表现为认可或拒绝态度。

公众作为体制外政策议程设置的主体，对于环境政策的传播和执行影响重大，公众的积极反馈有助于促进政策制定的科学性,实现公共政策的合法化,能够帮助政策制定者及时地调整政策内容,更有助于对政策执行的监督。

3.4　生活垃圾分类政策传播中的多主体互动

与以公众为代表的多元主体进行交流,不仅有利于政府倾听公众的声音,更有利于生活垃圾分类政策的有效传递,确保政策在上传下达的过程中实现其自身的政策效益,促进对政策的高度认同。

3.4.1　三方主体的积极互动参与

1.政府与媒体:议程双向互动

政府在政策传播的过程中起宏观调控的作用,媒体在政策传播过程中起承上启下的作用,两者在政策传播的各个阶段达成合作的关系。在政策酝酿期,政府首先发起对于生活垃圾分类政策的议题,力图吸引公众的注意力,但在众多政策议题中,政府很难在冗余的信息中对生活垃圾分类政策议题及时进行识别和分析。这时媒体由于自身的专业性开始发挥优势,政府借助媒体的力量,扩大政策传播范围,让更多的公众知晓并参与其中,政府同时也是媒体获取信息的权威来源。在政策试点期,公众已经对相关政策进行了一定的了解,并且部分公众还处于试点期范围内,由于政策的不成熟和强制性,负面信息形成传播链,政府和媒体在此阶段一方面继续加大政策价值的宣传,另一方面,媒体对负面信息进行捕捉、分析,将收集到的意见反馈给政府,政府通过召开新闻发布会等多种形式再次对公众意见进行反馈。在此阶段,政府和媒体的互动更为频繁。在政策扩散期,越来越多的公众参与到生活垃圾分类中,相较于第二阶段,生活垃圾分类政策更为成熟与科学,在此阶段,正面信息"占据上风",媒体对调适的政策进行解读,并且在政府的引导下,持续输出对于生活垃圾分类示范地区的宣传,帮助政府树立正面形象。

2.政府与公众:议题相互建构

政府和公众的议题互相建构开始于政策草案发布时期。在政策实施之前,政府会在微博平台发布生活垃圾分类政策的草案,吸收公众意见,根据公众反馈对政策具体规则进行修改,草案的发布就是政府发布环境议题的开始。在前期,政府主要发布生活垃圾分类的具体细则、实施过程等,重在宣传实施该政策的价值。公众关于生活垃圾分类政策议题的讨论在微博平台聚集,舆论声音不断扩大,倒逼政府将目光聚焦到不合理的政策议题中。在生活垃圾分类政策酝酿期和政策试点期,政府关注的焦点主要集中在上海市,2019 年 1 月 31 日后,全国范围内有关垃圾分类的政府信息有所提升，但信息呈缓慢上涨趋势，公众议程不断被建构，重新吸引政府的眼球，倒逼政府将目光扩大到全国范围内，以更好地进行议题管理与议题建构。另外，在政府主动设置的生活垃圾分类政策议程中，通过与公众的互动，政府能够深入实际，不被虚假环境、经过"修饰"的数据所迷惑，尽快了解公众真实的诉求，不断调适政策以解决生活垃圾分类在政策层面遇到的问题，促进公众对政策的认同。政府和公众的议题议程互动能够更加肯定公众作为政策主体的身份和充分发挥公众自身的优势，激发了公众的参政热情，而且也能推动政务公开和政策信息透明化，帮助政府树立积极回应的良好形象，提高公众对于政府部门的信任，有利于生活垃圾分类工作的展开。

3. 媒体与公众：议题互为补充

媒体在对生活垃圾分类政策进行跟踪报道与梳理中，能够发挥舆论引导的作用，在议程互动中，媒体能够对相关信息进行把关，主动建构生活垃圾分类政策议题，并且通过提高传播频次等方式来让公众认识到垃圾分类的必要性和急迫性。媒体秉持客观、真实的原则，平衡报道，多方面多角度呈现公众诉求，能使更多公众议题被政府看到，从而达到生活垃圾分类政策顺利施行的目的。但是媒体的报道集中于正面报道，主要是突出政策实施的价值和政府的功绩，这时，公众建构的议题在一定程度上与媒体建构的议题相互补充。

公众在参与政策传播中，与政府和媒体互动沟通，是公众积极参与政治生活的表现。在进行政策认知、情感和评价建构的过程中，公众提出的多种诉求在信息冗杂的微博平台中极易被淹没、被覆盖，此时，媒体对于公众意见的梳理、分类和分析很有必要。在对公众诉求进行处理的过程中，媒体能及时对自己建构的议题进行"查漏补缺"，全面地反馈公众意见。在政策酝酿期和政策试点期，公众表示出对垃圾车不分类、垃圾处理等中后端问题的不满，这使得媒体开始转变宣传对象，媒体逐渐关注垃圾转运、垃圾设备建设、垃圾后续处理等问题，公众和媒体合力倒逼政府进行表态、作出回应。议题的相互补充能够让媒体和公众站在多样化的角度思考问题，媒体不再是一味地进行正面宣传，而公众也不再只是出于自身利益或者群体压力去思考环境问题，二者的互动加快了政策实施的进程。

3.4.2 多主体互动形式与作用

新媒体时代，多主体互动形式从单一文本话语转变为囊括文字、图像、声音、色彩等，调动视觉、听觉、触觉等的多模态话语。多种媒介话语间的交互丰富了交流双方的表义系统，在传递信息、建立社会联系的过程中，实现全息互动、智能交互。

生活垃圾分类政策本质上属于政治话语,作为政治传播过程中的基本内容,相关言论直接表达了各方的政治立场、政治目的、政治意义等。在政务类信息传播过程中,政府、媒体可通过媒介话语营造与公众互动的氛围,通过共情正面引导,产生积极影响。公众一方面与政府和媒体进行舆论场交互,另一方面在精英、意见领袖等的引导下展开讨论,多模态话语使政务信息空间内部的气氛更为活跃,不仅获得信息扩散的传播效能,还能够促进反馈,并改善信息循环。

政策信息的流通意味着信息的公开。微博公共空间的属性给予了各个群体获取信息的渠道,政府通过官方微博发布环境政策信息,吸引公众注意力,公众可以在评论区自由表达观点。另外,媒体还会转发相关内容,扩大政策的知晓率和政策传播的范围。多对多的传播方式使得信息在传播过程中更加公开和透明,这既可以有效解决信息不对称而引发的一系列问题,也能让公众参与到由政策制定到政策执行的全过程,保证了公众的知情权,从真正意义上体现了对公众参与政治生活的尊重,提升了公众对于生活垃圾分类政策自身的认同感,从而推动了生活垃圾分类政策的落实与执行,以改善生活环境。从社会发展和社会效果层面而言,公共政策的传播不仅推动了国家政治制度化、透明化、公开化,更促进了我国社会长久良性发展。政府、媒体、公众的互动能够使生活垃圾分类被发现、被关注、被议程化,在互动的过程中不断被优化,能够促进政策更加符合社会现状,贴近公众诉求,从根本上改善生活环境,促进资源节约、回收和循环利用,促进社会和谐发展。

第 4 章

微博空间内生活垃圾分类政策的新媒体动员

■ 4.1 新媒体动员的理论基础与研究溯源

4.1.1 基础理论

1. 流行三要素

马尔科姆·格拉德威尔（Malcolm Gladwell）在其著作《引爆点：如何引发流行》中提出"引爆点"理论，认为关键人物法则、环境威力法则和内容附着力法则是信息流行必须具备的三项法则，后来也被学者概括为"流行三要素"。

关键人物法则强调信息生产和传播过程中有影响力的主体因素，与意见领袖相似，认为社会中由一小部分影响者组成的群体左右着由绝大多数人构成的社会主体。这一小部分影响者就是关键人物，具体可以分为三类：内行、联系员和推销员。内行是为公众提供信息的资源持有者，相当于"数据库"；联系员是促进信息流通的过程传播者，相当于"黏合剂"；推销员是确保信息被接收，甚至引导某些行为的动员说服者，相当于打通"最后一公里"。一个主体可以同时扮演多个角色，同时，这些角色也共同担任着"中转者"，即对信息话语进行层层解码和转码，在再生产的基础上进行传播。

环境威力法则强调信息流行发生的条件、时间和场所等环境因素，主要从宏观角度和外部环境入手。一方面，人们习惯从事物内部来寻找原因，却忽略了事物外部的宏观情境，但是社会背景等外部环境对人的心态和行为都会产生重要影响；另一方面，人们在群体中的心理和行为往往有别于个人独处时，而群体数量会作用于其产生的效果，并非绝对的正相关或负相关关系，个别微小的外部环境变化，都能决定信息流行或者不流行。

内容附着力法则强调传播信息本身。流行信息往往具有特征、规律等内容因素。附着力指流行物令人印象深刻的特质,常常用简单科学的"包装"方法使流行信息具有更强的附着力,而这种方法主要是进行表达和措辞上的修改。

通过在知网上进行检索,发现运用该理论进行的相关研究始于 2001 年,近年来一直保持小幅度上涨趋势,应用领域较为分散,其中四分之一为新闻与传播,七分之一为企业经济,其他多个领域占比较小。在新闻与传播领域,该理论主要运用于分析具体传播或流行现象的影响因素,比如微博信息传播[32]、网络群体性事件演化[33]、游戏在社交圈的走红[34]、抖音短视频 App 走红[35]等。还有学者聚焦于对理论的创新和发展,杜恽平和秦福贵就基于流行三要素提出了网络时代的流行传播机制,认为在网络时代,乐于且善于分享信息的意见领袖成为"内行",与其受众保持着快速聚散的信息消费关系,具有人脉的名人、大 V、知名公众号、门户网站和一些使用度高的网络入口等扮演"联系员",粉丝群体则成为"推销员"。环境暗示渠道根据互联网媒体环境进行重新阐释,引发趋利性模仿行为;信息附着力则会激发公众的正向情绪[36]。在企业经济领域,该理论主要运用于分析流行现象并对相关主体提出营销策略,比如网红洪崖洞的爆点营销[37]、小米品牌"米粉"运营研究[38]、企业品牌传播与质量提升路径[39]等,多数也涉及新闻传播现象,实际上是对新闻与传播领域的一种拓展和交叉研究。

2. 信息生态理论

信息生态(Information Ecology)借助生态学和系统学的思想研究信息活动过程,广义上可包括信息生态系统、信息生态因子、信息生态链、信息生态位等多个子概念,由于内涵丰富,难以确定最早的提出者。在可检索到的文献中,外国学者较早将其定义为由信息人、实践、价值和技术共同构成的生态系统,核心是由技术支撑的人的实践活动[40]。陈曙强调了其中"信息、人、环境"三要素的相互关系[41],这成为国内学者常用的基础概念。

信息生态系统(Information Ecosystem)突出信息活动中各生态要素之间的关联及构成的有机统一体,根据不同的研究需要,学者们发展出了不同的内涵。蒋存录表示信息生态系统是信息流动形成的人、组织、社区、环境的有机统一[42];靖继鹏则认为信息生态系统是人、信息、信息环境三者组成的有机整体[43]。可见,信息生态系统有两个关键点:①由信息、人、环境及其具体内涵等各要素构成;②各要素有机结合,形成统一整体。

信息生态因子强调信息生态各要素的具体内涵,系统和因子构成了宏观和微观两个层面,学者随之加以丰富。严丽以信息为核心因子,提出信息人包括生产、传递、分解和消费四种角色，信息环境包括资源、技术、政策等[44]。可见，信息生态因子主要仍在信息、人和环境三大方面进行深化，但学界观点不一，尚无统一一标准。

信息生态链融合信息生态和信息链两个概念，既强调信息的流动形态，也强调这种形态形成过程中的链式连接。李美娣较早明确信息链为信息流动过程中形成的链条，其连接信息场组成信息通道[45]。娄策群和周承聪提出信息生态链是指不同信息人之间的链式关系，信息生产者、传递者和消费者之间由正向和反馈两个信息流构成连接和循环[46]。可见，信息生态链具有两个关键点：①各要素之间通过流动的信息连接成整体；②整体连接的形态呈链状，且可以形成闭环。

信息生态位是指信息人在信息生态中的地位和作用，突出强调信息人的角色和特征。娄策群将信息生态位定义为信息人在信息生态环境中的特定位置，广义上也包括虚拟的网络信息生态位[47]。刘志峰和李玉杰则认为信息生态位是一种相对地位，在信息人与外部环境及其他人的互动中形成，具体包含信息人的角色、概貌和资源等[48]。可见，信息生态位的关键点是信息人，信息人会影响信息生态。

通过在知网上进行检索，发现有关信息生态理论的研究较为丰富，最早始于20世纪90年代的西方国家，21世纪以后逐渐引起国内学者的关注，相关研究的四分之一属于新闻与传播领域，五分之一属于图书情报与数字图书馆领域，还有部分属于计算机领域，其他多个领域占比较小。信息生态多为一种研究视角。信息生态系统主要运用于分析某现象的构成要素，如电子商务[49]、网络健康[50]、虚拟企业联盟[51]等，以及依据要素进行模型建构或测评，如微博公共事件驱动模型[52]、生态化程度测度模型[53]及测评与优化[54]等；信息生态因子主要运用于分析具体影响因素，如信息共享行为[55]、服务质量[56]、公共数字文化[57]等；信息生态链主要运用于分析具体运行机制和形成机理，如智慧城市[58]、社交网络[59]、政务微信[60]等；信息生态位主要运用于分析信息主体和相关优化对策，如网络劳动者[61]、信息服务机构[62]、政府[63]等。

4.1.2　研究溯源

动员（Mobilization）是本研究的基础概念，最初应用于军事和政治领域，是与战争和政治运动相伴而生的一种大规模群体行为，早期主要以战争动员、社会动员的形式提出。根据可检索到的文献，国外学者较早关注到"动员"并进行相关研究。有学者认为动员是发生在正经历现代化的地区中，并涉及该地区中绝大多数人的事情[64]。也有学者提出，动员是将被动的个体集合变为公共生活的主动参与者的过程[65]。克兰德尔曼斯的定义在国内学者的研究中被引用较多，他认为动员是指社会行动主体有意识在人群中的某个亚群体内创造共识的努力[66]。笔者认为，动员就是主体有意识通过某种方式改变目标群体对客体的观念,并促使其参与某些活动的行为。在明确动员概念的基础上,笔者分别对政策动员、网络动员和新媒体动员进行概念和应用两方面的文献综述。

1.政策动员

在知网可检索到的文献内,陈潭最早提出"政策动员",他分析了自上而下的政策动员和自下而上的政治认同共同构成的信任政治,认为政策动员就是政府发动公众参与政策、议程和获得支持的过程[67]。杨正联不仅较早分析了政策动员的概念、类别以及当代中国的政策动员向度,还将政策动员分为辅助性和执行性,提出中国最早的政策动员应当追溯到武装革命时期[68]。

政策动员和政治动员是两个相似的概念,学界普遍认为二者存在交叉重叠,但不可混为一谈。李勇军区分了政策动员和政治动员,认为前者是为推动议程确立或政策执行的过程;而后者是调动民众认同与配合,为加强施政能量的过程[69]。可见,两者在三个主要方面存在差异:①政策动员的客体是政策议程和政策本身,而政治动员的客体是特定的政治意识形态;②政策动员对目标群体的作用主要体现在心理和思想层面,是为了寻求认同,而政治动员对目标群体的作用主要体现在生理和行动层面,是为了获得拥护和服从;③政策动员相对温和,是服务于统治的单向过程,而政治动员更为激进,可能服务于巩固统治,也可能用于制造革命。

综上所述,笔者认为政策动员有别于政治动员,是指政府主体有意识通过资源调动或信息传播,改变作为目标群体的社会公众对政策客体的观念,以达到寻求认同、促进参与和政策实施目的的行为。

以"政策动员"为主题词,在知网上进行检索,共获得 55 条结果,剔除关联度不高的文献,得到 24 条结果,时间跨度为 2006—2021 年,但引用文献则早至 1972年,说明国外对相关内容的研究较早,而国内较早提出"政策动员"的文章发表于2006 年,整体关注度呈上升趋势,但相关研究总量较少。具体如图 4-1 所示。

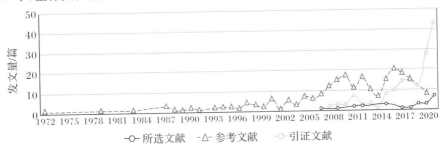

图 4-1　"政策动员"研究发表论文年度趋势

前一部分对政策动员的概念进行了界定,简单来说,就是政府机构有意识改变公众对政策的观念,并促使其参与、辅助政策实施的行为。相关研究主要集中在对政策动员模式和动员路径探索,以及为政策动员提出对策上。

在政策动员的模式方面,现有研究多依据不同的现象进行模式定义和归类。政策动员是扎根中国革命的一种方式,我国改革前的政策动员模式在改革后已经转向,从主体、客体、方式、内容多方面分析,可以认为群众运动已转为运动式治理,动员方式从强制转为诱导,政治宣传与理论学习逐渐取代有意营造的"运动剧场"[69]。有研究以回应性高低和手段是强制或倡导将政策动员归纳为四种模式,即强制灌输、回应发布、政策促销和政策营销,并提出在中国强制灌输模式已经逐渐淡化,而政策营销是发展的新趋势[70]。也有学者将政策动员置于不同的情境中,提出了有针对性的模式。在乡村社会中,党形成了"阶级动员-认同聚合"的政策动员模式,阶级动员的主要形式为对贫雇农阶级进行个别访谈和会议发动,认同聚合则是通过影响、说服和管制,使乡村社会的政策认同由小到大、由分散到集中的聚积与融合过程[71]。在宗族型村庄中,其国家基层治理被认为是一种人情式政策动员,在外部力量阻碍政策执行时,常更多体现出基层动员"关系-利益"的特征,而非借助权力强制执行[72]。

就政策动员得以形成的逻辑和路径进行探索,现有研究具有较强的案例针对性和指向性,尚未形成统一的范式。岳敏聚焦了"村改社"政策的社区动员,认为上级政府通过发布政策文本和后期的不定时无规则监督的策略取得了明显的积极效果[73];狄金华通过个案解读,提出了"权力-利益"和"公-私伦理"两种基层政府政策动员的逻辑,权力支配主要在"前台"运行,利益置换则在"后台"发挥作用[74];罗朝丹将某县创建国家卫生县城的政策动员分为权威化宣传动员和组织化动员两个阶段,认为在政府和公众间以及政府内部都存在自上而下的政策动员,其时效性和实效性都比较强,但可能会存在效果不稳定、群众参与度不高、地区间存在差异等弊端[75]。

在分析过程中,有学者发现不当的政策动员会带来风险。经济合作与发展组织(Organization for Economic Co-operation and Development,OECD)和欧盟委员会(European Commission)在教育政策制定过程中通过互助寻求知识和政策的合法性,但在政策动员阶段形成了政策竞争,或许使欧洲面临风险[76]。国内学者更多发现了具体政策动员中的困境,并提出对策。垃圾分类是当前的政策热点,但边缘化社区的垃圾分类动员存在政策奖惩措施不明确、环境不利于形成整体氛围和居民个体在时空上的不便、技术上的不足三方面困境,为此,有学者提出应树立典型群众、激活社区内部的灵活性与创造性、加强社区和居民的情感联系、下达正式政策文件等建议[77];也有学者借用政策营销中的 4P 理论,从产品(Product)、价格

(Price)、渠道(Place)、促销(Promotion)角度提出政策产品和价格应合理合法,渠道应多元和便利,政策营销要进行充分的沟通和宣传,才能共同实现有效的城乡生活垃圾分类政策动员[78]。由于基层群体的政策动员在时空和接受度上更易陷入困境,因此其成为研究的重要话题,推进基层政策动员需要促使居民理解政策,赋权非政府主体,培育政策执行的组织载体,拓展社区社会网络[79]。

综上,有关政策动员的现有研究包括分析其模式和实践路径,主要从具体的现象进入研究,通过分析现象的特点和过程,从多角度进行归纳总结,并且会关注到特殊的政策动员对象,比如乡村社会、宗族型村庄、基层群体、边缘化社区等,以及覆盖度广、讨论度高的政策议题,比如生活垃圾分类。相关对策建议主要建立在前期的现象解读上,多强调政府建设和引导的作用。社区是政府权力下放和弱势群体动员的重要组织。可见,政策动员的特殊目标群体和热点议题成为研究的重要关注点,学者多在现象分析或案例解读的过程中提出了自己的见解,但现有研究对于政策动员的研究全面性和讨论量有待丰富。

2. 网络动员

在相关文献的检索中,发现网络动员的默认英文为 Network Mobilization,但研究均将 Network 作为一种社会结构,内容集中在社会网络、组织网络、人际网络等,并非本研究定义的网络,网络动员更准确的说法应为 Internet Mobilization。

由于互联网普及较晚,早期研究主要集中于 19 世纪末和 20 世纪初。有学者认为网络动员是以互联网进行政治变革的一种可能,是利用互联网动员公民参与政治活动的过程[80]。罗佳等人是国内较早阐释网络动员的学者,他们认为各种网络因素影响网络社会成员的思想和行为,并逐渐形成导向,可以分为主动性动员和非主动性动员,动员主体模糊、内容复杂、对象特定是主要特征[81]。丁慧民等人认为网络是社会动员的新型工具,相比传统方式具有一定优势[82]。宋辰婷等人提出互联网为社会动员提供了强大助力,并将这种助力看作网络动员,主要体现在互联网为动员提供了开放平台、政治机会和认同,互联网同时带来了个体公共性的回归和信息自主性的发展[28]。

综上所述,学者定义网络动员的关键点主要有四点:①网络动员是社会动员在网络社会的集体行动;②网络动员以互联网为工具,以利用网络的各种现代科技手段作为动员载体,和传统动员模式相比具有一定优势;③网络动员的目的是引发认同和引导参与;④网络动员主体模糊,可能为某特定主体,也可能为网民自身。笔者认为,网络动员就是主体有意识通过互联网及网络科技手段,改变以网民为主的目标群体对于客体的观念,以引导其参与集体活动、达成主体期望的行为。

以"网络动员"为主题词,在知网上进行检索,共获得 270 条结果,时间跨度为

1994—2021 年,2013 年达到峰值,整体研究数量不多,但有持续的趋势,研究主题主要为网络动员、社会动员、群体性事件,31.65%的研究集中在新闻与传播领域,10.37%的研究集中在行政学及国家行政管理领域。具体如图 4 - 2、图 4 - 3、图4 - 4所示。

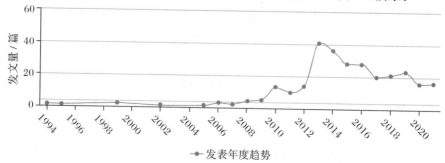

图 4 - 2 "网络动员"研究发表年度趋势

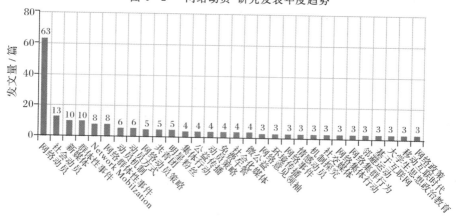

图 4 - 3 "网络动员"研究主题分布

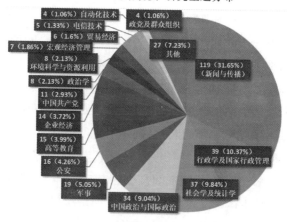

图 4 - 4 "网络动员"研究学科分布

网络动员的研究主要结合具体现象和案例,分析其主要形式、形成过程、影响因素、应对策略等。

资源动员和情感动员是研究网络动员时常被提及的主要形式,甚至是研究更进一步的切入点,二者分别使用了理性和感性的研究视角。在资源动员方面,国外学者奠定了相关理论基础,认为利益计算是集体行动的固有逻辑,社会运动的增多是因为可供社会运动参与者利用的资源有所增加。有学者以资源动员视角分析了网络中的民间救助,认为网络资源动员的初始阶段重要性高,不存在专业的领导层,动员对象之间存在互动、劝说和信任,动员的过程不仅为了促使被动员者采取行动,同时也在挖掘其资源和潜力[83]。在情感动员方面,现有研究者多认为其作用的两面性明显:一方面,网络的匿名性、碎片化和内容快消很容易导致网民的非理性,从而通过愤怒、戏谑、悲情、恐惧等消极情感获得关注,实现快速动员,甚至产生谣言或网络暴力[84];另一方面,通过网络仪式入场、减轻压力、维系和信任等积极情感的积累,也能够增强集体凝聚力,实现动员[85]。同时,即便是消极情感也可以在一定程度上起到释压、监督等积极作用[86]。

就网络动员的形成过程来看,它是基于互联网技术产生的新型动员方式[87],过程可以分为事件发生、网络热议和网络动员、付诸现实行动三个程序,还会对现实社会结构产生影响[88]。也有学者将过程的阐释具体化,在利用新浪微博平台进行网络动员时,社会心理和人际关系依然发挥重要作用,个人或组织试图通过微博动员参与社会决策、影响社会生活[89];而明星粉丝社群的组织架构、信息流通方式、话语策略、操演任务等共同促成网络动员,强参与感是贯穿动员过程始终的关键,也是粉丝文化的内在特质[90]。

网络动员成功与否受到多主体和多因素的共同影响。在相关研究中,学者主要使用三种视角,微观视角的研究较多,即关注网络动员本身的内部结构,多包括主体、受众、内容、策略等,具体可细化为网络动员者、网络问题的推动者、解决方案以及所采用的动员机制;相关概念模型的设计者认为动员角色、价值观和关系网络是网络动员的重要因素[91]。意见领袖的精英魅力、网络传递的一呼百应和网络信任的与众不同促使网民改变认知,产生相应行为[92],达到网络动员的目的。宏观视角的研究主要包括强调网络空间内的社交场域和强调社会空间内的技术使用,有研究发现直接向 Twitter 账户的追随者发送私人信息比公开信息效果更好,同时,受人际关系影响的用户更可能参与政策动员[93]。国内学者同样注意到社交网络的作用,认为团组织中的人际关系链是诸如组织化动员、网络社交场域、意识形态对共青团网络动员产生影响的途径[94]。在将二者结合的研究视角中,网络动员在宏观层面更多以技术使用被提及，公民参与网络动员不仅受主观因素影响，也受客观因素影响[95]。国外学者基于新加坡政务微博，分析了线下运动组织、线上运动组织和网络动员，发现技术、动员者的社交网络模式和组织隶属类型会影响网络动员[96]。

学界多将网络动员作为与传统政府动员不同的自下而上的网民主导的动员，对这种动员的研究仍然处于发展和探索过程中，不少学者为此提出了发展对策。一方面，强调政府的自我调整，由于互联网崭新的特质对传统政府管理模式产生更强的冲击，政府应当重新定位治理角色，实现与社会和公众的合作共治[28]。另一方面，强调网络动员已经不是单向度的行为，而涉及多主体，政府应进行统一疏导和规范，立法机构应构建法制机制，传统媒体应把握整体走向，网民应不断提高媒介素养[97]。

综上所述，有关网络动员的现有研究包括分析资源动员和情感动员两种代表形式，网络动员整体的形成过程可以分为宏观的阐释和微观的案例解析，影响网络动员的因素探究则包括内部结构、外部环境以及二者结合三种视角，分别强调了网络动员的构成因素、社交网络和技术接触以及多因素融合的影响，在对策提出方面，多从主体角度进行叙述。可见，对网络动员的研究整体比较成熟，借用了传统动员的部分理论，是一种继承和发展，对主体的强调和描述性研究较多，但多维的复杂分析不足。

3. 新媒体动员

新媒体是在网络技术发展的基础上产生的概念，新媒体动员的相关研究起步较晚，概念界定也不够明确。在对新媒体动员的现象和案例进行分析的过程中，尹瑛提出新媒体和公众分别扮演组织者和参与者，新媒体使风险快速公共化，同时帮助缔结行动网络，二者共同构成新媒体动员[98]。李春雷等人认为新媒体动员是网络上公民参与的集体行动，其机制是价值取向与态度合意下的公民参与，本质是改变价值、态度与行为的过程[99]。孙祎妮认为新媒体动员主要是场域的更新和改变，新媒体平台本身即为社会运动提供了组织和广泛的公众参与，动员结构、模式在新媒体时代和传统社会各有特点，传统社会动员符合集体性行动逻辑，而新媒体动员更接近个性化的联结性行动逻辑[100]。吴抒颖虽然没有对新媒体动员进行明确的定义，但她认为环保机构利用多样化的社交媒体收集公众关于环保决策的意见，并为政府提供具有针对性的建议，以此沟通公众和政府，就是新媒体动员的体现，间接阐释了自己对新媒体动员的主张[101]。

　　综上所述,学者定义新媒体动员的关键点主要有:①新媒体动员是社会动员在新媒体时代的一种集体行为;②新媒体动员中的新媒体可以看作是以社交媒体为代表的动员新工具,抑或是以场域为代表的社会发展新背景,某种程度上是网络动员的一种呈现;③新媒体动员的目的是促进沟通和参与;④新媒体动员的机制与传统动员有别,更加多元化、个性化。可以发现,新媒体动员与网络动员的概念存在相似之处,但更加突出新媒体的特性,即沟通和互动、多元和个性。笔者认为,新媒体动员就是主体有意识通过社交媒体等新媒体手段,改变以相关用户为主的目标群体对于客体的观念,并与目标群体形成互动,以引导其参与集体活动并反作用于主体的行为。

　　以"新媒体动员"为主题词,在知网上进行检索,共获得 440 条结果,时间跨度为 2009—2021 年,在 2016 年达到峰值,近年来关注度呈现下降趋势。研究主题主要为新媒体时代、社会动员等,44.79% 的研究集中在新闻与传播领域,11.28% 的研究集中在行政学及国家行政管理领域。具体如图 4-5、图 4-6、图 4-7 所示。

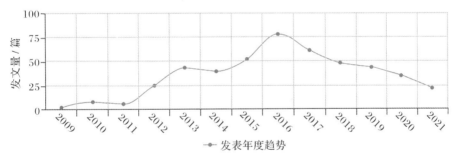

图 4-5　"新媒体动员"研究论文发表年度趋势

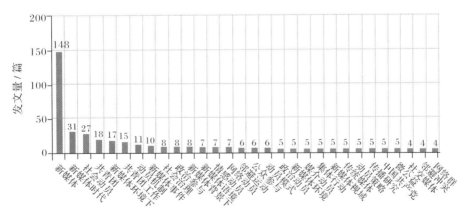

图 4-6　"新媒体动员"研究主题分布

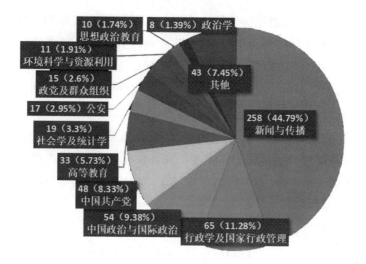

图 4 - 7　"新媒体动员"研究学科分布

　　新媒体动员是相对宽泛的概念，新媒体主要作为研究背景或研究对象，而动员包括认知、情感、行为层面，部分研究并没有指出"动员"二字，但研究了具体的相关现象。研究主要集中在动员形成方式、动员策略、动员效果等方面。

　　新媒体是时代发展的趋势和先进技术，不少学者将其作为社会治理的新方式和新工具，认为思想观念改变或集体行动发起的导火索往往是新媒体首次发出的动员信息，其动员形成方式自然引发关注。一些学者基于新媒体动员的特征分析了动员形成的方式。从个体层面分析，新媒体社会动员使基于熟人社会的资源动员更加有效，同时为个人创造了表达的机会和空间，这种虚拟空间是流动空间与地方空间的结合[102]。从组织与个体双层面分析，新媒体可以迅速散播信息、改变个体认同、塑造网络集体行动，进一步上升至社会现实层面，可对社会运动的动员结构、组织方式、抗争内容和框架、抗争过程产生影响[103]。另一些学者跳出了新媒体，强调了传统媒体在新媒体动员形成中发挥的作用，研究发现新媒体在动员工作中可以促进个人和群体发生转变，但传统媒体仍然扮演着重要的中介角色，和新媒体形成有机互补[104]。还有学者认为社交媒体代表了一种替代结构，与主流媒体、成熟的政治组织和公民社会并列，以不同的方式动员，并接触不同的人群[105]。

　　新媒体动员的形成需要借助正确的策略，目前研究主要选取特殊现象或成功案例进行策略分析。有学者进行了文本的策略分析，通过研究 Twitter 标签的语义网络、社会网络和话语分析，提出组织和动员需要使用共同的语言，对形势的定义达成一致,形成共同的愿景,并认为尽管 Twitter 是全球性的、松散的,但作为动员平台是产生意义过程的空间[106]。有学者强调了网络的重要性,包括认知网络和人际网络,在邻避事件的社交媒体动员中,需构建认同,重视多网络渠道交叠传播[107]。还有学者尝试从多维角度解读策略,认为"一亿棵梭梭"环保公益项目通过布局多平台传播渠道、建构多领域传播内容、运用多样化叙事策略、塑造多层次环保人物和组织多类型环保实验进行新媒体动员,实现了观念与行动的共振[108]。

掌握新媒体动员的形成方式,探究正确的动员策略后,多数学者认为新媒体动员是大势所趋,但在作用和效果上看法不一,主要可以分为消极论和积极论。持消极论的一方在宏观上认为新媒体全球化和新旧媒体交叉的新趋势强化了横向的社会动员,但也加剧了国家迫于经济形势促进新媒体推广和面对新媒体发展导致的社会和政治后果的矛盾[109];也有学者认为新媒体带来的信息和通信技术扩散对政治变革的影响通过其对群众的动员间接发生,直接影响了政治现状,但可能导致政治倒退或自由化,不一定总会达到预期[110]。在微观上,有学者认为新媒体动员能够对线上参与产生显著影响,但对于离线行为的影响是有限的,面对面动员可能更有效[111]。持积极论的一方主要认为新媒体提供了技术手段和话语空间,而大学生的网络政治表达会增强其传统线下和新媒体线上的政治参与。还有学者进行了问卷调查,分析认为新媒体动员在促进集体行动的过程中,会使群体的相对剥夺感产生增强的调节效应,群体愤怒和群体效能则为二者的中介变量[112]。

综上所述,有关新媒体动员的研究包括分析其形成方式,更多强调新媒体的特征,策略分析的角度相对多样,既具体分析某种策略,也叙述多种策略。在效果分析方面,有学者认为新媒体动员可辅助社会治理,应积极对其进行利用,也有学者认为将新媒体用于集体行动和社会动员存在弊端。可见,新媒体动员产生的效果,以及内部的形成和相应策略是目前研究的关注点,而研究的现象分析多为网络组织或个体,以及舆情事件的演变,对国家和政府机构的新媒体动员等相关研究不够丰富。因此本研究以动员效果为结果变量,分析效果形成的影响因素,并进一步研究组合情况,在作出解释后,以具体案例的新媒体动员策略进行验证,最终提出相应对策,符合目前新媒体动员关注的重点主题;同时,以政府机构和国家政策为研究视角,以生活垃圾分类的热点政策为具体研究对象,以期丰富新媒体动员研究的广度。

■4.2　"主体-内容-环境"的新媒体动员生态

根据本研究的概念界定，新媒体动员是主体有意识通过社交媒体等新媒体手段，改变以相关用户为主的目标群体对于客体的观念，并与目标群体形成互动，以引导其参与集体活动并有益于主体的行为。笔者认为借助政务微博发布生活垃圾分类政策是新媒体动员的一种体现。通过解析概念，发现动员主体、动员方式、动员对象、动员客体、动员目的是关键要素。其中，动员方式为发布政务微博，在本研究中具有一致性，无法满足案例差异需求；动员对象为关注政务微博的用户及其人际网络覆盖群体，并非本研究的研究重点。故在变量设计时主要考虑以下三个因素：动员主体，即各政务微博；动员客体，即有关生活垃圾分类政策的博文；动员目的，即改变公众观念并引导其参与生活垃圾分类。信息生态理论突出了人、环境和信息内容对传播发挥的重要作用，而动员的本质也是一种传播，故人可以被看作动员主体，信息内容可以被看作动员客体，另外增加动员环境要素。

综上所述，本研究设计解释变量的一级指标为动员主体、动员环境和动员内容，结果变量与动员目的一致，为动员效果，具体为动员参与度。由于研究条件限制，本研究未结合调查或访谈法，难以了解受众认知和心理，所以仅从点赞量、评论量、转发量的行为表现上进行综合测量。

4.2.1　解释变量：动员主体、动员环境、动员内容

1.动员主体

动员主体是指动员活动的发起人，例如政府、非政府组织、政府机构运营的新媒体平台等，在本研究中，即各政府机构运营的政务微博本身的建设情况。动员主体的特征和行为对动员效果产生影响[113]。国外学者在建立 Twitter 平台的危机信息共享模型时，认为粉丝数代表权威性，名称和头像等代表政府机构形象。王晰巍等人在构建微博信息生态链时，也将主体置于重要地位，设计了关注数、粉丝数、是否认证、传播等级以及主体具体属性（名称、功能等）的测量因子[114]。政务微博发布机构的社会资本也是主体建设的重要基础，即粉丝数量、粉丝质量、行政级别[115]。有学者试图预测转发行为并建立模型，发布者粉丝数和转发者粉丝数、发布者的基本信息都是预测时的考量因素。

基于以上研究，具体将动员主体分为基本属性和社会影响力两个二级指标。基本属性主要受开通日期、微博名称和头像内容影响。新浪微博上已没有开通日

期的查看入口。社会影响力主要受行政级别、粉丝规模和关注规模影响。由于本研究的案例为同级政府机构的政务微博,行政级别不存在差异,仅分为粉丝规模和关注规模两个三级指标。

2. 动员环境

动员环境是指政务微博通过发布信息营造的微博氛围,即发布习惯和特征构成的微观环境。动员环境是影响动员效果的外部因素,包括当下的经济、政治、文化、社会环境等[116]。对比传统媒体和新媒体的差异,新媒体的动员环境更加多元化、复杂化[117]。虽然现有研究的动员环境主要为宏观环境,但其概念和思想可以借用微博发布信息构成的微观环境,而现有研究中的诸多因素都可以作为微观环境的体现。国外学者在为在线社交网络中信息扩散的时间动态构建预测模型时,认为发微博频率、发布时间、活跃度等在其中发挥作用。发布时序特征、博主和用户以及用户间的互动、信息结构等是微博空间中影响信息欢迎度的有效因素。李云新等人在探究@上海发布的政务微博运行效果时,从微博数、发微博频率、发布时间、评论数、关注度和互动次数等方面分析了其属性特征和微博特征[118]。王鲁峰等学者分析高校微信公众号的互动程度和效果时,强调了首发时间和总文章数[119]。

基于以上研究,具体将动员环境分为活跃度、及时性、互动性三个二级指标。活跃度主要受发布频率和发布数量影响,设置为两个三级指标;及时性主要受首发时间影响,设置为一个三级指标;互动性主要受回应频率影响,设置为一个三级指标。

3. 动员内容

动员内容是指政务微博所发布动员信息的内容特征,具体分为文本和形式两个方面。在分析@成都发布的政务新媒体传播路径时,学者深入分析发布内容的主题、类型和形式等特征,从有趣、有用、图文、视频等方面总结出用户需求满意度与内容质量正相关[120]。信息、用户、政府和环境均对政务微信平台用户的互动意愿产生直接影响,其中的信息因素即动员内容,包括内容趣味性、原创性、语言风格、用户情感体验和感官体验[121]。主题、原创性和推文的超链接、@符号均影响用户在 Twitter 上的转发行为。情感、话题、表述清晰度、话题符号、话题表述方式、分隔关键词、超链接均成为预测 Twitter 上新出现话题标签受欢迎程度的因素[122]。话题内容、用词、情感倾向、易读性、简洁性等均会对信息传播产生影响。长远来看,多模态是动员文本的未来趋势,其本质是利用图文符号建构行动框架与意义[123]。

基于以上研究，具体将动员内容分为内容文本和内容形式两个二级指标。内容文本主要受信息长度、原创程度、情感属性、相关程度影响，由于进行情感分析后，发现绝大部分微博为中性情感，不具有分析的异质性，因此仅设置信息长度、原创程度、相关程度三个三级指标；内容形式主要受热点话题（♯符号）、用户提及（@符号）、相关链接、图片使用、音频视频、投票互动、文章使用影响，设置为七个三级指标。

4.2.2　结果变量：动员参与度

本书的研究重点为新媒体动员效果，由于动员是一个目的性强、作用于受众的过程，因此将动员参与度作为动员效果的测量内容，即受众对动员政策的认同、分析和讨论程度。新媒体动员的优势主要表现在动员深度、动员广度和动员参与度上，具体体现为微博平台人数多、范围广、多向互动明显[124]。有学者通过阅读量、点赞量、评论量反映传播深度和传播广度，并据此测量驱动 Flickr 社交网络中信息传播的因素。在政务 B 站号信息传播效果的影响因素研究上，学者从中心路径和边缘路径出发，以用户的收藏、点赞、投币行为衡量信息的传播深度和认同度，以播放量衡量传播广度，以弹幕、评论量衡量传播参与度。转发量也是学界广泛讨论的重点。转发链上的节点数、转发数量、转发持续时间可以反映 Twitter 的动力学和社会网络模式情况。还有学者用微博生命周期预测转发动态，计算转发总量前80%的完成时间，并以 10 和 1000 的转发量、一天和两天的转发完成时间作为判断标准。

基于以上研究，具体将动员效果设为一个一级指标，动员参与度设为一个二级指标。由于新媒体动员的本质仍是利用新媒体进行的信息传播活动，遵循传播规律，借鉴微博传播指数（Micro-blog Communication Index，BCI）中测量传播度的指标和比重，即转发数占 20%，评论数占 20%，点赞数占 10%，原创微博转发数占25%，原创微博评论数占 25%；同时，由于本研究将原创程度纳入解释变量，剔除原创微博转发数和评论数在结果变量中的影响，选择转发数、评论数、点赞数进行结果变量的测算，在不改变原比例和总比重为 1 的基础上，比重分别为转发数占40%，评论数占 40%，点赞数占 20%，形成公式 4-1：

$$动员参与度 = 40\% \times 总转发数量 + 40\% \times 总评论数量 + 20\% \times 总点赞数量$$

$$(4-1)$$

综上所述，可以将本研究的变量指标体系进行归纳，如表 4-1 所示。

表 4 - 1　本研究变量指标体系

变量类型	一级指标	二级指标	三级指标
解释变量	动员主体	基本属性	微博名称
			微博头像
		社会影响力	粉丝规模
			关注规模
	动员环境	活跃度	发布数量
			发布频率
		及时性	首发时间
		互动性	回应频率
	动员内容	内容文本	信息长度
			原创程度
			相关程度
		内容形式	热点话题
			用户提及
			相关链接
			图片使用
			音频视频
			投票互动
			文章使用
结果变量	动员效果	动员参与度	

4.2.3　变量编码及真值表构建

为适用于 QCA 分析软件的数据导入，以首字母为三级指标编码，具体如表 4 - 2 所示。

表 4 - 2　三级指标编码

三级指标	指标编码
微博名称	WBMC
微博头像	WBTX
粉丝规模	FSGM

续表

三级指标	指标编码
关注规模	GZGM
发布数量	FBSL
发布频率	FBPL
首发时间	SFSJ
回应频率	HYPL
信息长度	XXCD
原创程度	YCCD
相关程度	XGCD
热点话题	RDHT
用户提及	YHTJ
相关链接	XGLJ
图片使用	TPSY
音频视频	YPSP
投票互动	TPHD
文章使用	WZSY
动员参与度	DYCYD

依据上述赋值思路,用清晰集 QCA 方法的"二分归属原则"对解释变量和结果变量进行"0/1"赋值,构建真值表如表 4 - 3 所示。

表 4 - 3　真值表

WBMC	WBTX	FSGM	GZGM	FBSL	FBPL	SFSJ	HYPL	XXCD	YCCD	XGCD	RDHT	YHTJ	XGLJ	TPSY	YPSP	TPHD	WZSY	DYCYD
0	0	0	1	1	1	0	0	1	0	0	1	0	0	0	1	0	1	0
1	0	0	1	0	0	0	0	0	1	0	1	0	0	0	1	0	0	0
1	1	1	0	0	0	0	0	0	1	0	1	0	0	1	0	0	0	0
1	1	0	0	0	0	0	0	1	1	0	0	0	0	0	0	0	0	0
1	1	0	0	1	0	0	1	0	1	1	1	0	0	1	1	0	0	0
1	1	0	0	0	0	0	1	1	1	1	0	0	0	1	0	0	1	0
1	1	0	0	1	1	1	0	0	1	0	1	0	1	1	1	0	0	0

续表

WB MC	WB TX	FS GM	GZ GM	FB SL	FB PL	SF SJ	HY PL	XX CD	YC CD	XG CD	RD HT	YH TJ	XG LJ	TP SY	YP SP	TP HD	WZ SY	DY CYD
1	1	0	0	0	0	0	0	1	1	0	1	0	0	1	0	0	0	0
1	1	1	0	0	0	1	0	0	1	1	1	0	0	1	0	0	0	1
1	1	0	0	1	1	1	0	1	0	1	1	0	1	1	0	0	0	0
1	1	1	1	0	0	1	0	0	1	1	1	0	0	0	1	0	0	1
1	0	1	0	0	1	0	0	1	1	1	1	1	1	1	0	0	0	0
1	1	0	0	0	1	0	0	1	0	1	0	0	1	1	0	0	1	0
1	1	0	0	1	1	0	0	1	1	1	0	0	1	1	0	0	1	0
1	0	0	0	0	0	0	0	1	0	1	0	0	0	1	0	0	0	0
1	1	0	0	0	1	0	0	1	0	1	1	0	0	0	1	0	0	0
1	1	1	0	1	1	1	1	0	0	1	1	0	0	1	0	0	0	0
1	1	1	1	0	1	1	1	0	0	1	1	0	1	1	1	1	0	1
1	1	0	0	0	1	0	0	1	1	1	1	0	0	1	0	0	0	0
1	1	0	1	0	0	1	0	1	1	1	1	1	1	0	1	0	0	1
1	1	1	1	1	1	1	1	0	1	1	1	0	0	1	1	1	1	1
1	1	1	1	1	1	1	0	0	0	1	0	0	0	0	1	1	0	1

4.2.4 分析方法

1. 单变量分析

根据 QCA 的一般分析步骤,在解释结果的条件组合路径前,首先需要对各单变量进行一致性(Consistency)和覆盖度(Coverage)检验(动员参与度不在其中),检验结果如表 4-4 所示。

表 4-4 单变量分析结果

三级指标	一致性	覆盖度
WBMC	1.00	0.24
WBTX	1.00	0.26
FSGM	1.00	0.71
GZGM	0.80	0.50

续表

三级指标	一致性	覆盖度
FBSL	0.40	0.25
FBPL	0.60	0.25
SFSJ	1.00	0.45
HYPL	0.40	0.67
XXCD	0.40	0.15
YCCD	0.60	0.23
XGCD	0.80	0.29
RDHT	0.80	0.24
YHTJ	0.40	0.22
XGLJ	0.00	0.00
TPSY	0.40	0.15
YPSP	0.80	0.33
TPHD	0.60	0.75
WZSY	0.40	0.22

一致性是某经验性实例对一种集合理论关系存在的支持和主张程度，即表明影响变量是结果变量超集的程度。一般认为，如果某一单变量的一致性大于等于0.8，则认定其为结果变量出现的充分非必要条件；如果某一单变量的一致性大于等于0.9，则认定其为结果变量出现的充分必要条件。由表4-4可知，微博名称（WBMC）、微博头像（WBTX）、粉丝规模（FSGM）、首发时间（SFSJ）是政务微博中的生活垃圾分类政策新媒体动员效果较好的充分必要条件，而关注规模（GZGM）、相关程度（XGCD）、热点话题（RDHT）、音频视频（YPSP）是充分非必要条件。

覆盖度表明一致超集的经验相关性，一般有三种类型的覆盖度，即原始覆盖度、唯一覆盖度和解的覆盖度。单变量分析结果中的覆盖度指原始覆盖度[112]，表明解释变量对结果变量的解释率。由表4-4可知，粉丝规模（FSGM）、关注规模（GZGM）、回应频率（HYPL）、投票互动（TPHD）的解释率在50%及以上，对政务微博中的生活垃圾分类政策新媒体动员效果解释度较好。

2. 条件组合分析

将变量按照一级指标或二级指标进行分组，分别从动员主体条件、动员环境条件、动员内容条件三个方面进行条件组合分析。需要说明的是，各组合结果输出时包括复杂方案(Complex Solution)、简化方案(Parsimonious Solution)和中间方案(Intermediate Solution)。复杂方案将所有变量纳入分析并直接呈现;简化方案是变量精简化的结果,包含了大量在案例样本环节未观察到,但理论上存在的条件组合;中间方案融合了前两种情况,同时含有部分虚拟组合[15,22]。由于在不提前设定条件状态的情况下,复杂方案与中间方案一致,故在文本结果中仅呈现简化方案和中间方案,并进行分析。此外,输出结果包括原始覆盖度和唯一覆盖度,前者指被分析的条件组合能够解释的案例占总案例的比重,后者指仅能被该条件组合解释的案例占总案例的比重[21],原始覆盖度大于等于 0.1(10%)即可认为该组合具有一定的释义力[22],总体一致性大于等于 0.8 即证明该组合分析有意义。

(1)动员主体条件。对微博名称(WBMC)、微博头像(WBTX)、粉丝规模(FSGM)、关注规模(GZGM)四个变量进行条件组合分析,得到的部分结果如表4-5所示。

表 4-5　动员主体变量各条件组合结果

变量组合	原始覆盖度	唯一覆盖度	一致性
FSGM×GZGM	0.8	0.8	1
WBMC×WBTX×FSGM×GZGM	0.8	0.8	1

如表 4-5 所示,用 QCA 分析主体变量时得到两种组合结果:

$$FSGM×GZGM$$
$$WBMC×WBTX×FSGM×GZGM$$

＝粉丝规模×关注规模＋微博名称×微博头像×粉丝规模×关注规模

两种组合的原始覆盖度和唯一覆盖度均能达到 80%,说明这两种组合能解释 80% 的案例,具有释义力且影响显著,总体一致性为 1,组合存在意义。组合FSGM×GZGM 意味着拥有大量粉丝且关注其他用户数量多的政务微博,其发布的生活垃圾分类政策信息会产生更好的动员效果;组合 WBMC×WBTX×FSGM×GZGM 意味着有辨识度高、权威性强、符合自身定位的微博名称和头像,且拥有大量粉丝,同时关注其他用户数量多的政务微博,其发布的生活垃圾分类政策信息会产生更好的动员效果。

(2)动员环境条件。对发布数量(FBSL)、发布频率(FBPL)、首发时间(SFSJ)、回应频率(HYPL)四个变量进行条件组合分析,得到的部分结果如表 4-6 所示。

表 4 - 6　动员环境变量各条件组合结果

变量组合	原始覆盖度	唯一覆盖度	一致性
～FBSL×HYPL	0.2	0	1
～FBSL×FBPL×SFSJ	0.2	0	1
～FBSL×FBPL×SFSJ×HYPL	0.2	0.2	1

如表 4 - 6 所示，用 QCA 分析发布变量时得到三种组合结果：

$$\sim FBSL \times HYPL$$
$$\sim FBSL \times FBPL \times SFSJ$$
$$\sim FBSL \times FBPL \times SFSJ \times HYPL$$

＝非发布数量×回应频率＋非发布数量×发布频率×首发时间＋非发布数量×发布频率×首发时间×回应频率

三种组合的原始覆盖度均为 20%，前两种组合的唯一覆盖度为 0，第三种组合的唯一覆盖度为 20%，说明这三种组合能解释 20% 的案例，具有释义力，前两种组合作为唯一解的案例不存在，第三种组合作为唯一解的案例占 20%，总体一致性为 1，组合具有意义。可以看出发布数量（FBSL）在组合中发挥作用最小，意味着政务微博发布有关生活垃圾分类政策的微博数量多少并不影响其进行社会动员的效果；回应频率（HYPL）、发布频率（FBPL）、首发时间（SFSJ）均能对传播力产生一定影响，但当三者同时存在时，影响力最大，意味着回应次数多、更新频率快且政策响应迅速的政务微博，其发布的生活垃圾分类政策信息会产生更好的动员效果。

（3）动员内容条件。对信息长度（XXCD）、原创程度（YCCD）、相关程度（XGCD）、热点话题（RDHT）、用户提及（YHTJ）、相关链接（XGLJ）、图片使用（TPSY）、音频视频（YPSP）、投票互动（TPHD）、文章使用（WZSY）十个变量进行条件组合分析，得到的部分结果如表 4 - 7 所示。

表 4 - 7　动员内容变量各条件组合结果

变量组合	原始覆盖度	唯一覆盖度	一致性
TPHD×WZSY	0.4	0	1
YCCD×XGCD×～TPSY	0.4	0	1
XXCD×YHTJ×YPSP×WZSY	0.4	0	1
XGCD×～YHTJ×～XGLJ ×～WZSY	0.6	0	1

变量组合	原始覆盖度	唯一覆盖度	一致性
~XXCD×XGCD×~YHTJ×~WZSY	0.6	0	1
~XXCD×~YCCD×XGCD×~RDHT×~YHTJ×~XGLJ×~TPSY×YPSP×TPHD×~WZSY	0.2	0.2	1
~XXCD×YCCD×XGCD×RDHT×~YHTJ×~XGLJ×TPSY×~YPSP×~TPHD×~WZSY	0.2	0.2	1
~XXCD×YCCD×XGCD×RDHT×~YHTJ×~XGLJ×~TPSY×YPSP×~TPHD×~WZSY	0.2	0.2	1
XXCD×~YCCD×~XGCD×RDHT×YHTJ×~XGLJ×TPSY×YPSP×TPHD×WZSY	0.2	0.2	1
XXCD×YCCD×XGCD×RDHT×YHTJ×~XGLJ×~TPSY×YPSP×TPHD×WZSY	0.2	0.2	1

　　如表 4-7 所示,用 QCA 分析信息变量时得到十种组合结果,由于情况相对复杂,为方便研究,仅列出原始覆盖度靠前的五种组合结果:

$$TPHD×WZSY$$
$$YCCD×XGCD×~TPSY$$
$$XXCD×YHTJ×YPSP×WZSY$$
$$XGCD×~YHTJ×~XGLJ×~WZSY$$
$$~XXCD×XGCD×~YHTJ×~WZSY$$

　　=投票互动×文章使用+原创程度×相关程度×非图片使用+信息长度×用户提及×音频视频×文章使用+相关程度×非用户提及×非相关链接×非文章使用+非信息长度×相关程度×非用户提及×非文章使用

前三种组合的原始覆盖度为 40％，说明可以解释 40％ 的案例，后两种组合的原始覆盖度为 60％，说明可以解释 60％ 的案例，具有释义力，且影响比较显著，唯一覆盖度均为 0，说明这五种组合作为唯一解的案例均不存在。未列出的后五种组合原始覆盖度均为 20％，同样具有释义力，总体一致性均为 1，组合具有意义。可以看出相关链接（XGLJ）在组合中发挥作用最小，音频视频（YPSP）和投票互动（TPHD）在组合中发挥作用最大，意味着政务微博使用相关链接的数量多少并不影响生活垃圾分类政策信息的动员效果，而善用音频视频丰富微博形式，或用投票小程序与受众进行互动的政务微博，其发布的生活垃圾分类政策信息会产生更好的动员效果。从两个原始覆盖度最高的组合中还可以发现，相关程度（XGCD）影响显著，意味着所发内容与生活垃圾分类政策相关度高的政务微博对该政策的动员效果更好，而其他变量，包括信息长短、是否原创、是否使用热点话题、是否提及其他用户、是否使用文章，对动员效果的作用不够稳定，难以形成定论。

4.3　新媒体动员生态视角下的动员效果影响因素

4.3.1　关键人物：动员主体影响显著

从单变量分析和条件组合分析的结果，可以发现在本研究的四个动员主体变量中，有三个变量为影响政务微博生活垃圾分类政策动员效果的充分必要条件，即微博名称、微博头像和粉丝规模，一个变量为充分非必要条件，即关注规模，部分回答了本研究提出的第二个问题：是否有因素是影响政务微博的生活垃圾政策动员效果的充分必要或充分非必要条件？同时，四个动员主体变量构成的条件组合解释度高、普适性强，部分回答了本研究提出的第三个问题：这些因素是否存在组合作用？共同证明了动员主体建设情况对动员效果的影响显著。

现有研究也多表明信源特征对信息传播、主体特征对新媒体动员具有重要影响。在信息传播和新媒体动员的过程中，政务微博主体是关键要素，也是信息生态理论中的信息人。在新媒体动员的研究领域，政务微博充当着意见领袖的角色，选择能代表身份、具有地方特色、清晰度高的头像和有官方指向的名称，是政务微博的基础建设。一定规模的粉丝基础代表着信息扩散的最小范围，粉丝的社交网络则是进一步动员的途径。关注相似的政府机构账号，不仅可以扩大信息来源，还可以进行交流互动，为公众呈现官方的信息网络。动员主体建设的主要作用是增强权威性和信息掌握的新鲜性、全面性，进行官方的议程设置，从而发起政策信息的社会动员，激发目标受众参与，增强动员效果。

4.3.2　政民互动:时代发展必然要求

在研究过程中,发现公众对生活垃圾分类政策的参与积极性并不高,这与生活垃圾分类政策与公众息息相关的特性产生冲突和矛盾,也是众多现有研究发现的共性问题,即政务新媒体并未真正发挥新媒体的优势。在 22 个政务微博的案例分析中,对公众的评论进行回复的政务微博,都在生活垃圾分类政策的信息传播和动员上获得了相对较好的效果,回应频率、投票互动在组合条件分析中具有较高的覆盖度和释义力,体现了单向输入到通过受众反馈形成双向互动的媒体功能和传播过程变迁形态,而掌握变迁规律的政府机构能够形成更优的政策新媒体动员。一方面,政务微博由于信息发布相对官方,容易使公众产生距离感,公众参与的整体情况不容乐观,而高频率的回应则会让公众感受到自己的声音得到了关注,正好满足了公众的需求。他们不仅需要一个发声的平台,更需要受到重视、得到认可或解决他们提出的问题,对公众进行回应正是在这样的背景下,形成良性循环,促使更广泛的公众参与。另一方面,投票互动为公众提供了参与的新方式,由于投票自带问题和选项,具有极强的引导性,可能会使原本没有参与意愿的公众也进行投票,如遇没有满意的选项,还可能会在评论区进行讨论,回应政府话题。

政府机构的传统动员以自上而下为主,但新媒体平台提供了新的优势渠道,拉近了政府与公众之间的距离,政民互动逐渐成为时代发展的必然要求和趋势。通过新媒体动员,公众更便捷,同时也更愿意表达想法,比如提高对生活垃圾分类的认同、为生活垃圾分类政策的制定出谋划策、指出生活垃圾分类政策执行过程中的不足和监管漏洞等,从内外两方面提高了公众的政治效能感,有利于在政府机构的新媒体动员下,加强生活垃圾分类政策的横向和纵深传播。

4.3.3　内容为王:新闻生产基本原则

新闻报道的基本原则包括真实性、准确性、及时性、时效性、重要性等,本研究中的动员环境变量和动员内容变量的具体指标体现了多个新闻原则,比如首发时间、发布频率体现及时性、时效性,相关程度体现准确性、重要性等,信息形式的多样化也是内容呈现的一部分。可以发现,在单变量分析中,首发时间是充分必要条件,相关程度和音频视频是充分非必要条件,部分回答了本研究的第二个问题,在条件组合分析中,由这些变量构成的组合均有较好的覆盖度和释义力,部分回答了本研究的第三个问题,从文本和形式两方面共同证明了"内容为王"的论断。

首发时间意味着地方政府对国家政策信息的关注程度,快速作出反应的地方政府不仅可以抢占主题先机,还可以巩固在公众心中权威、迅速的形象;发布频率是对首发时间的延续,是相关信息持续发布的积累,对于生活垃圾分类政策这类影响广泛、历时长久的民生政策,政府机构在政务微博上也需营造相应的氛围,以推进政策动员;相关程度可以体现政府想在博文中突出的重点,内容的精准投放更能引起目标群体的注意;内容形式多样是新媒体的一大优势,多媒体文本适应了互联网特性,有利于调动公众的多种感官。

在信息日趋分散、碎片和快消的时代,公众每天都在面对海量的信息,这与其有限的注意力产生矛盾,在信息选择中,平台会注重推广更优质的内容,而公众也会形成自己的判断,对高质量信息产生好感。另外,可以看到,发布数量并没有产生显著作用,也从侧面证实内容爆炸式增长并不代表对"内容为王"的落实,海量信息的平铺直叙有时满足的并不是公众,而是信息发布者,仅制造出数量上的虚拟氛围,却经不起进一步推敲。具体来说,对生活垃圾分类政策内容或会议报道的简单搬运已经不能推动政府的新媒体动员,内容质量提升和多元化的内容形式才能促使政策信息的动员效果增强。

4.3.4　组合优势:具体问题具体分析

本研究的条件组合分析获得了多个释义力较好和具有意义的组合情况,尤其是在进行动员内容变量分析时,有多达十个组合结果,且多个组合具有相同的一致性和覆盖度,此外,中间方案和简化方案多呈现不同的组合结果,说明存在案例中观察不到,但实际可能产生影响的虚拟组合,体现了组合条件的情况复杂,也符合 QCA 方法用于研究复杂社会现象的特征。同时可以发现,虽然组合情况复杂,但其相较单因素具有更好的稳定性,在释义力上的波动较小,更适用于预测动员效果。可见,新媒体动员的社会现象涉及多方主体和复杂的影响因素,不同的政府机构都有其使用政务微博和发布博文的习惯。本研究列出的显著影响因素和条件组合并不足以涵盖提升政府机构新媒体动员效果的所有情况,政务微博如何使用条件组合更具有新媒体动员的优势,还需要具体问题具体分析。相比单因素产生的作用,同时使用多种组合条件的政府机构在借助新媒体进行政策发布和动员时的效果更好。

4.4　新媒体动员效果的优化组合与特征归纳

4.4.1　新媒体动员效果的优化组合

1. 动员主体层面

（1）注重基础建设，打造专业化政务微博。本研究结果表明，动员主体变量对政务微博的生活垃圾分类政策动员效果影响显著，为政务微博的主体建设提供了参考。在开设政务微博账号时，应当注重基本信息的规范性，包括名称、头像、角色定位和功能介绍等，一方面，更有利于获得新浪微博的官方认证，提高权威性和信息可信度，发挥意见领袖的动员优势；另一方面，可以体现政务微博的专业性，让受众在搜索时能够精准定位，增加用户好感，为后期参与动员工作奠定基础。长期来看，"门面建设"是首要环节，但政务微博的持续发展还需要重视日常管理和坚持一以贯之的工作要求，管理、技术、财政等因素都在其中发挥作用，比如：明确政务微博运营的具体负责人，明确权责划分；坚守角色定位，明确发展过程中的原则和底线；建立专业技术团队，保障政务微博内容质量和风格职能；更新思想观念，加大资金投入等，形成新媒体动员的优势策略和模式。

（2）扩大集群网络，构建多元化政务微博。本研究结果表明，政务微博的粉丝规模和关注规模均对政务微博的生活垃圾分类政策动员效果影响显著，构成了政务微博主体建设的另一个方面，即以自身为中心，不断扩大集群网络，注重和公众、其他政务微博建立关系，通过联动扩大动员活动的范围和影响。具体路径可以借鉴行动者网络理论（Actor-Network Theory，ANT），运营政务微博的政府机构应作为集群网络的中心行动者，借助微博平台，实现政策具体问题化、政策公众利益赋予、征召和动员等协调利益和矛盾的转换环节，利用社会关系网络增强用户信任感，强化生活垃圾分类政策相关内容的公众参与和动员效果；同时加强和其他政务微博的交流合作，拓宽信息获取的渠道，利用算法推荐增大曝光度，并通过多主体和多平台实现相互引流，促进政策信息的公众动员。

2. 动员环境层面

（1）加强双向互动，政策信息亲民化。本研究结果表明，回应频率更高、多使用投票小程序的政务微博在生活垃圾分类政策上的动员效果更好，而回应和投票的本质都是与公众的互动。政务微博是政府发布信息的平台和新媒体时代进行动员的必然选择，但不应只注重平台的迁移，更重要的是变革以往"自上而下"的治理观念和方式，在政府机构主导的动员活动下，利用政务微博等新媒体平台实现政民互动,畅通公众发表意见、建言献策的渠道,并充分重视公众的声音。关于生活垃圾分类的政策,不少公众对分类标准不够明确,或质疑政府"混装混运"已经分类的垃圾,或建议全国出台统一标准等,政府机构应结合具体情况,借助政务微博答疑解惑或作出表态,这样才能让公众提升参与感,进一步促进政策动员。同时,可以适当使用流行话语体系和投票小程序创新动员形式,使政策信息更加亲民,比如@上海发布发起的投票"吃大闸蟹的季节到了,今天你吃大闸蟹了吗? 那么问题来了,螃蟹壳属于什么垃圾?"引发公众热烈讨论,点赞量过万。

(2)把握新闻原则,政策信息动态化。本研究结果表明,信息更新频率更快、政策响应速度更快的政务微博在生活垃圾分类政策上的动员效果更好,符合新闻报道原则中的时效性和及时性要求。政务微博的本质功能是发布信息、辅助政府工作,是新闻报道在新媒体时代的一种体现,新媒体动员也在于利用新媒体向公众普及国家政策和信息,使公众在认知和行动方面形成认同,因此也应把握新闻报道的基本原则。地方政府应密切关注国家的政策动态,一方面尽快部署工作,另一方面要及时向公众宣传和普及,并且明确政策倡导的持续性,尤其是对于生活垃圾分类这种长期实施的战略性政策,更应坚持周期性信息更新,探索信息传播规律,营造动员效果更优的政务微博环境,保证信息发布的质量和数量,实现政策信息动态化更新。

3.动员内容层面

(1)突出重点内容,聚焦生活垃圾分类。本研究结果表明,与生活垃圾分类政策相关性更高的政务微博信息动员效果更好,说明当政府机构意图借助政务微博进行某项政策的普及和动员时,应当注重信息聚焦。在移动媒体快速发展和生活方式改变的背景下,人的时间、思想、注意力,甚至是人本身都在被"碎片化",政务微博已经不再是新兴事物,外在的附加值难以快速提升,可以通过深耕内容,利用心理学上的重复效应和劝服理论加深公众对生活垃圾分类政策的印象,一方面,斟酌政务微博文本的详略,突出生活垃圾分类的重点,另一方面,营造氛围,使与生活垃圾分类相关的信息成为政务微博信息发布时的重点内容,加强信息内容本身的建设,坚持"内容为王,创新为要"。

(2)丰富形式构成,多维倡导生活垃圾分类。本研究结果表明,多将文字信息与音频视频结合、利用投票丰富表达形式的政务微博在生活垃圾分类政策上的动员效果更好,使用热点话题、@符号等也会在一定程度上对动员产生积极作用,为政务微博呈现形式的选择提供参考。在吸引用户注意力方面,音频视频信息的可视化程度更高,较文字信息有更好的效果,有利于调动受众的多种感官体验,比如用图片讲解生活垃圾分类的标准以提高信息实用性、在文字政策信息下方配以相应的图片以提高信息趣味度、展示因垃圾未分类致死的动物引起情感共鸣等。此外,使用热点话题或提及他人都要用到可以跳转至其他界面的符号(♯/@),有利于增加信息的曝光度,同时吸引更多精准度高的目标受众,这也是潜在参与意愿和后期参与度更高的群体。从多维度倡导生活垃圾分类,可增强生活垃圾分类政策的动员效果。

4.4.2　新媒体动员效果的特征归纳

1.多因素组合作用,影响新媒体动员效果

通过对单变量和条件组合进行分析,发现确实存在一些变量是使生活垃圾分类政策的政务微博动员效果更好的因素,且变量间形成的部分组合作用优于单变量。影响显著的变量主要集中在动员主体特征、政府回应、发起投票、响应迅速、持续关注、内容相关和表现形式多样上。在动员主体、动员环境、动员内容的三个一级指标中,只有动员主体的四个变量实现了全覆盖,充分说明了主体建设的重要性,体现在政务微博上,即为微博名称、微博头像等基本信息,以及粉丝规模和关注规模代表的社会影响力,为政策动员奠定了社会网络基础。政府回应和发起投票共同体现了政民互动的本质,作为新媒体的优势和时代发展的必然要求,政府机构能否实现角色转换,在保留官方权威的同时,又不固守官方做派,与公众实现主动平等的交流对话,是影响动员效果的重要因素。响应迅速和持续关注是对新闻信息的基本要求,与时俱进的生活垃圾分类政策会在漫长的过程中实时更新。政府机构是否能抓住要点并转译给目标受众,直接影响了受众在后期的关注程度和参与热情。内容相关和表现形式多样是从文本和形式两个方面佐证了博文内容质量的重要性,“内容为王”正是应对信息碎片化时代如何吸引公众注意力的最好途径,是增强动员效果的必经之路。尽管生活垃圾分类政策内涵复杂,政务微博也各有千秋,各因素的组合作用更加复杂,但也更能够发挥出对动员效果的优势。

2.公众参与度整体不高,新媒体动员效果差异大

不管是研究前期的文献梳理,还是研究过程中的数据收集与分析,都可以发现我国生活垃圾分类政策的政务微博动员存在明显的不对等。一方面,多数省会级别的政府机构已经充分认识到了新媒体动员的时代趋势和重要性,在生活垃圾分类政策的微博动员上都形成了一定的模式;另一方面,公众对于生活垃圾分类政策相关博文的参与度普遍偏低,多数博文的点赞量、评论量和转发量都维持在个位数或十位数水平,即使是互动性较强、话语氛围较为轻松、表现形式丰富的博文,用户

参与量也仅为几万，不仅与明星或网络红人的微博参与度相距甚远，甚至也只是政务微博粉丝数量的千分之一，体现出公众对于政策类话题的整体参与度不高，这主要是由于政府的新媒体使用行为和公众对于政务微博的理念都不够先进。

此外，各政务微博的生活垃圾分类政策动员效果存在较大差异，成都、上海、广州、北京、杭州等城市的动员参与度高，动员效果较好，而呼和浩特、长沙、福州、海口、南宁等城市的动员参与度低，动员效果较差。一方面，政府机构的宏观环境影响显著，地区的经济发展水平、文化水平、社会生活情况都会影响动员效果。经济发展水平高的地区自带资源优势，政务微博本身拥有大规模的粉丝基础，且公众更容易接触到新媒体平台。文化水平高会影响公众的观念革新，生活垃圾分类对于中国居民来说，仍然是一个较新的概念，而思想先进的公众更愿意进行对新事物的探索，并且在新媒体上发声的意愿更加强烈。社会生活繁荣的地区更易接触到新媒体，同时面临的"垃圾围城"困境更加严峻，对于生活垃圾分类政策的关注度更高。另一方面，政府机构的微博使用影响显著，前期的建设、发布的习惯直接影响动员效果。研究发现，政务微博会在长期发布的过程中形成固定的惯用模式，在文本的选择和形式的体现上尤为明显，经常使用主题显著的文本和多媒体呈现的政务微博几乎在每条微博中都要使用话题符或者@，即便有时内容不够匹配，也可以获得更高的曝光度，有思想中心或引导性的文本也会吸引用户参与，相反，仅是不通顺的文字堆砌，不仅会使人丧失兴趣，更容易产生视觉疲劳，久而久之形成恶性循环，动员效果不佳。

3. 政策动员借助新媒体平台，喜忧并存

当下，新媒体正逐渐取代传统媒体，传统媒体则成为新媒体的补充和附庸，运营政务微博就是政府机构利用新媒体平台的一种形式，但这种形式并非完美无缺，动员效果的不尽如人意就足以显示借助新媒体平台进行政策动员的喜忧并存。理论上，新媒体平台可以为政策动员提供新的渠道，通过线上线下形成双管齐下的形式，在各政府机构间、政府和公众间形成网络化组织，便捷沟通，提高工作效率，政府机构还能利用互联网的快速优势，密切关注政策信息，迅速开展相关行动，实现高灵活度，并且通过将重心转移到新媒体平台的运营上而减少动员成本[23]。但是在研究中，发现现实与理想并不相符，实际上，由于新媒体平台的线上运营缺少监管和统一标准，不少政府机构并没能充分利用新媒体的优势，或将长篇新闻的部分内容复制粘贴，或长时间不进行生活垃圾分类政策相关信息的更新，或对公众的提问和质疑视而不见，保持一种我行我素的作风和态度，这不仅会损失公众的信任感，还会影响政府机构的专业性和权威性，在政策动员上适得其反。

■4.5　组合路径作用下的新媒体动员案例

4.5.1　案例选择

本研究在新媒体的背景下,选择新浪微博作为研究平台,以我国生活垃圾分类政策为研究对象,以各政务微博发布的有关生活垃圾分类政策的相关信息为具体研究案例。具体来说,以 2017 年 3 月《生活垃圾分类制度实施方案》发布为初始时间节点,在中国 22 个省会城市、5 个自治区首府和 4 个直辖市的政务微博上,以"垃圾分类""生活垃圾分类"为关键词搜索从初始时间节点开始的政务微博信息。在31 个政务微博中,石家庄发布、沈阳发布、乌鲁木齐发布、银川发布、郑州发布、南京发布、重庆发布、拉萨发布 8 个账号的信息发布总数不足 20 条,此外,未能搜索到青海省西宁市获得新浪微博认证的官方账号。为了尽可能保证研究案例的丰富性和权威性,剔除这 9 个政务微博账号,总共获得 23 个有效账号,符合 QCA 研究方法的中小规模样本要求,共在 23 个账号上搜索到相关信息 1436 条用于研究。案例选择的具体情况详见表 4-8。

表 4-8　案例选择

序号	区域	政务微博
1	北京市	北京发布
2	上海市	上海发布
3	天津市	天津发布
4	云南省昆明市	昆明发布
5	四川省成都市	成都发布
6	湖南省长沙市	长沙发布
7	湖北省武汉市	武汉发布
8	贵州省贵阳市	贵阳发布
9	广西壮族自治区南宁市	南宁发布
10	海南省海口市	海口发布
11	江西省南昌市	南昌发布
12	广东省广州市	中国广州发布
13	福建省福州市	福州发布
14	浙江省杭州市	杭州发布
15	安徽省合肥市	合肥发布
16	陕西省西安市	西安发布

续表

序号	区域	政务微博
17	山西省太原市	太原发布
18	甘肃省兰州市	兰州发布
19	黑龙江省哈尔滨市	哈尔滨发布
20	吉林省长春市	长春发布
21	山东省济南市	微博济南
22	内蒙古自治区呼和浩特市	呼和浩特发布

4.5.2 案例分析

根据动员参与度的结果，成都发布参与度最高，为135.95；上海发布排名第二，为81.28；北京发布参与度中等，为30.37；呼和浩特发布参与度最低，为0.38。故选取这四个政务微博作为主要的分析对象，以其他有典型特征的政务微博作为补充，从上述的前三个影响因素方面进行对比，以验证结论。

从动员主体来看，成都发布、上海发布、北京发布和呼和浩特发布的微博名称和头像都能够清晰体现身份，并且二者相符，背景图片的选择也均具有地方特色，相反，微博济南在这两项上都未能达标，头像不够清晰，名称也并非"××发布"的默认范式，其动员参与度仅为2.38。此外，成都发布的粉丝数量为1002万，关注用户数量为1083，上海发布的粉丝数量为941万，关注用户数量为1669，北京发布的粉丝数量为865万，关注用户数量为609，呼和浩特发布的粉丝数量为2万，关注用户数量为399。呼和浩特发布与前三者均存在较大差异，负面影响了动员基础和效果。部分政务微博名称与头像如图4-8所示。

图4-8 部分政务微博名称与头像

从互动程度来看,成都发布在 64 条相关微博内进行过高达 153 次的回应,回应率超过 200％,具体来看,对于网友的支持多给予鼓励和肯定,对于网友的调侃多以表情包进行回应,而对于网友的提问和建议也会进行解答或表示感谢,也有不少网友直呼该政务微博为"小布",拉近了政府机构和网民的距离。同时,回应数量高的微博也有较高的评论量,网民内部形成了围绕垃圾分类话题的讨论环境,民众的自愿参与更促使了政策信息传播和扩散。成都发布还发起过多次投票互动,并且往往会附加最新的垃圾分类热门话题,以增加投票的曝光度和趣味性,单条微博点赞量超过 2 万,激发了网民的参与热情,有利于生活垃圾分类政策的公众动员。具体如图 4-9 所示。

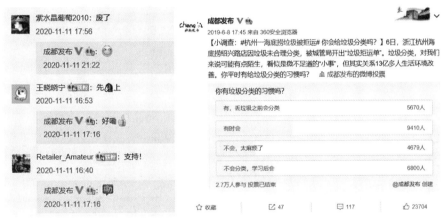

图 4-9　成都发布部分互动情况

上海发布在 176 条微博内进行过 47 次回应,主要是使用表情或简短文字对正面评论表示肯定;在发布投票方面,上海作为首个进行垃圾分类试点的城市,充分结合这一公众讨论的热点话题,并且从公众角度组织话语,还加入了上海话,活跃了话语气氛,拉近了与公众之间的距离,促使网民参与和自发传播,增强了动员效果。具体如图 4-10 所示。

北京发布虽然在观察时间内的回应次数并不多,但多次发起投票与用户互动,内容较为全面,围绕生活垃圾分类政策制定、发布、实施等多个阶段,主要为征求建议、了解看法,以活跃政务微博相对严肃的氛围,增进和网民的互动,引发关注,扩大参与和讨论。具体如图 4-11 所示。

图4-10　上海发布部分互动情况

图4-11　北京发布部分互动情况

　　呼和浩特发布一共有25条相关微博，却没有进行过回应或投票互动，相关信息的点赞、评论、转发量也仅维持在个位数，或没有公众参与。

　　从内容质量来看，成都发布和北京发布都在国务院转发相关政策的第二天就发布了第一条宣传生活垃圾分类的信息，或以图片对《生活垃圾分类制度实施方案》进行解读，或以转发相关新闻资讯进行宣传，抢占了发布先机，为后续动员奠定基础。呼和浩特发布开始进行生活垃圾分类的新闻报道已经是在将近一年半以后，而且主要内容并不是向公众普及知识或宣传政策，而是发布某地进行垃圾分类试点、垃圾清运、举办活动等信息，并未抓住时机和考虑动员对象的需求。

　　此外，上海发布在涉及生活垃圾分类的博文中，85％都是仅以生活垃圾分类政策作为主题的，北京发布则有82.05％的博文与该政策紧密相关，并非简单提及或罗列，在内容形式上，多使用图片和视频，二者的使用率相加达到75％。北京发布使用比率为71.28％，成都发布在这一指标上可达到95％。同时，上海发布使用

热点话题标签的比率高达 97％,成都发布则为 92％。相反,呼和浩特发布仅 60％
的博文内容以生活垃圾分类政策为显著主题,其他则为多项政策的罗列,生活垃
圾分类政策仅为其中之一,另外,其图片使用率为 56％,并未使用过视频和热点
话题,多以文字进行简单叙述,形成了单一的发布模式。可见,内容质量高的政
务微博在生活垃圾分类政策上的动员效果更佳,主要在于其主题明确、形式多
样,充分利用了新媒体的优势,满足网民需求,使网民愿意进行讨论和参与,实现
动员效果。

　　现实案例和各条件组合均证明了多模态话语对传播效果的重要作用,尤其
是在受到字数限制的微博新闻中,更需要图片、音视频、文章、超链接等的"超语"
元素来丰富信息内涵,并且要力求通过不同模态的组合排列与相互配合使报道
更能达到生活垃圾分类政策普及与动员的目的。有学者将各模态之间的逻辑语
义关系归结为互补与非互补,又在不同关系中归结出突出、扩充,以及内包、交
叠、语境交互等具体形态。简单来说,互补即用其他模态话语对文字信息进行补
充,以达到生活垃圾分类政策动员的目的。非互补关系即两部分话语为整体与
部分、抽象与具体等关系,或者是为了营造用户与微博信息的互动氛围,两种关
系常常有所重合,在概念、人际、谋篇功能上发挥作用。在生活垃圾分类政策的
微博动员信息中,"文字＋视频"多见于突出关系,图像表达往往更为清晰直观,
"文字＋文章"是典型的详述型扩充关系,"文字＋图片"的组合较为普遍,既可形
成互补关系中的突出、扩充,又可形成非互补关系中的内包、语境交互等。各模
态在微博新闻中发挥各自优势、相互衔接,成为连贯的整体[125]。具体如图 4-12
至图 4-16 所示。

图 4-12　"文字＋视频"多模态话语(互补:突出)

图4-13 "文字+文章"多模态话语(互补:扩充)

图4-14 "文字+图片"多模态话语(互补:突出、扩充)

图4-15 "文字+图片"多模态话语(非互补:抽象与具体)

图 4 - 16　"文字＋图片"多模态话语(非互补:语境交互)

综上所述,通过对动员参与度较高和较低的几个政务微博和其博文进行具体分析,印证了上一部分得出的影响因素和组合作用,对于各因素在政务微博中的运用更加明确。

第5章

微博空间内生活垃圾分类
政策的议程互动

■ 5.1 议程互动的理论基础与研究溯源

  政府、媒体和公众的传播是议程互动的核心内容。1988 年，罗杰斯和迪灵提出了明确的政府议程、媒体议程和公众议程的概念，并结合三方内容搭建了一个研究框架，整合了政府、媒体和公众交流和互动的模式图。图 5-1 展示了传统议程设置从媒体议程到公众议程再到政府议程的流动过程，阐释了媒体作为中间桥梁如何作用于公众议程，且在公众议程上升至政府议程的过程中起到了什么作用。

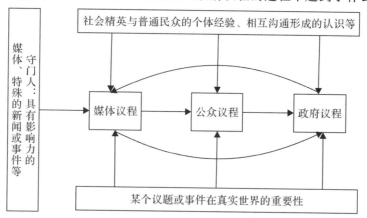

图 5-1 议程设置过程的三个主要组成部分：媒体议程、公众议程和政府议程

  库恩将与政策内容有关的议程信息归纳为政府、媒体和公众议程，后来学者基本上基于该分类研究议程设置过程和议程互动模式。在政策传播研究中，对于传播互动模式的研究一直处于主流地位，政府、媒体、公众的议程互动关系是研究政策传播的关键环节。

5.1.1 理论基础

1. 议程设置理论

(1)传统议程设置。1972 年,麦库姆斯和肖发表了一篇有关媒体报道对选民投票的影响的调查报告,并提出了传播学经典的议程设置理论,该理论主要有四个要点:①尽管大众媒体在决定人们对一个事件的具体意见上的影响较弱,但是能够影响人们对议题的接受程度及其排序;②受众的注意事件依赖于大众媒体强调它的程度;③媒体接触率决定了公众议程同媒体议程的相关性;④议程设置理论还关注媒体对议题的表达方式[126]。

(2)属性议程设置。议程设置理论使媒介的"强大效果论"在一定程度上复兴之后,获得了学界和业界的广泛关注。传统的议程设置理论的重点是突出强调媒体能影响人们接受什么议题,但对于人们怎么想则影响微弱。在进一步研究中,学者也开始关注媒体对人们"怎么想"的影响。艾英加和金德发现,电视以不同的框架进行报道能影响公众对议题的看法[127]。

格拉伯认为,媒介不仅能够设置整个事件的议程,决定人们了解的内容,同时还为人们提供了思考的语境,决定了公众如何思考议题[128];格拉伯在新的议程设置视角中,提出大众媒体不仅仅能够决定公众想什么,也能够设置公众如何想,完成了议程设置第二层面的功能——属性议程设置。

(3)网络议程设置。在传统媒体和互联网刚刚兴起之时,议程设置理论在主流媒体"黄金时期"长期居于主导地位。少数的媒体影响着大多数的公众对于环境、社会、政治、经济、文化等各种议题的认识。随着互联网日益发展成熟,多节点、碎片化、多元化的传播模式兴起,"公民记者"和"公民新闻"的出现打破了传统媒体垄断的格局,信息流由线性模式转为网状模式,受众和传播者的身份日益模糊,"产销者""制用人"[129]等概念兴起。各类垂直专业网站崛起,受众被分散在网络世界的每一个角落中[130],在这样宽松的传播语境中,大众媒介对于受众的影响日益减弱。

郭蕾和麦库姆斯等学者在新的传播背景下,提出了网络议程设置,他们认为:单一的议题和属性很难对人们产生较大的影响,而真正影响人的信息认知能力的是一系列的议题组成的认知网络。一方面,大众媒体决定了公众"想什么"和"怎么想";另一方面,还能够影响公众从相互连接的信息中对现实社会的建构和判断。

本章研究采用议程设置这一经典传播学理论,回顾了传统理论、属性层面和网络层面的内容。传统理论强调媒体只能影响人们对于议题重要性的排序,而不能决定人们怎么想;在属性层面,大众媒体能够通过议程设置影响人们怎么想;随着媒介技术的发展，该理论面对网络层面，进一步提出了媒体还能在议程设置中影响公众对现实的建构。本章研究以议程设置理论为支撑，分析了我国环境政策的议程设置过程和其中政府、媒体、公众的角色。在实证研究部分，分析了微博平台中政府、媒体和公众的属性话语，从而得出了不同阶段不同主体的话语偏向和相关关系。

2.议题建构理论

（1）理论概述。20世纪70年代，社会运动频繁兴起，政治学者为了解释群体运动的政治参与等问题建构了新的理论框架，议题建构理论由此而生。最初，"政治问题"被广泛用于研究，但研究没有回答"议题如何并何时能进入议程"的问题。埃尔德和科布提出，议题建构就是要将问题引起多方关注并认真对待的过程[131]。

在传播学领域，议题建构理论从议程设置理论的基础上发展而来，二者既有联系，又有区别。议程设置理论强调的是大众媒体对于议题重要性和显著性的影响，媒体的报道内容会决定受众思考和讨论什么问题[132]。在属性议程设置的层面，研究人员专注于议题的呈现方式，从而决定公众是怎样思考的。在传播学中，议程设置理论和议题建构理论同宗同源，二者存在一定的交叉性。

通过对水门事件中媒体和公众意见的分析，朗氏夫妇最早在传播学领域中提出了议题建构理论的概念，即媒体、公众和政府三方相互"竞合"的结果就是议题建构结果。他们认为，议题建构的概念比议程设置的概念更合适，因为议题建构是一个包含了政府、媒体、公众互动的集体过程[133]。议程设置强调信息传播要经过"媒体议程—公众议程—政府议程"的线性过程，而议题建构则是多元主体相互竞合的过程，政府、媒体和公众在其中进行全方位的互动，共同决定了议题在人们心中重要度的排序。

朗氏夫妇主张从多元主体对议题的互动和影响着手进行研究，韦弗和艾略特则认为议题建构研究应当关注议题是如何被创造，又如何成为被讨论的重点议题的[134]。总而言之，议题建构理论强调了政府、媒体和公众议题的互动关系。议题建构是指某一议题进入到议程的过程中或多元主体中，使某一主体所关注的议题成为其他主体的议题的过程[135]。在议题建构过程中，能够引起人们关注的问题、事件、政策等内容在沟通传播中引起了多元主体的探讨，从而成为议题。议题经由广泛的讨论传播进入议程设置过程，并在其中完成了多元主体的议题建构。

（2）议题建构模式研究。在议题建构模式的研究中，学者从政治学和传播学两个视域入手，回答了不同主体是如何完成议题建构过程的。科布等人认为议题建构模式分为四个阶段，即议题提出、议题具体化、议题扩散和议题输入，并从政治学视角提出了三种有关政策议题的建构模式[136]，即外部建构模式、动员建构模式和内部建构模式。外部建构模式是指除政府以外的组织、群体提出议题并将议题引入公众和政府议题的过程；动员建构模式则反映了政策主导者为了使政策更好地传播，从而使议题扩散至公众议题的过程；内部建构模式不同于上述两种模式，它的目的不在广泛传播，而是在政府内部提出议题，仅通过政治施压，从而使政策顺利执行的过程，议题并未进入群体传播环节。

在传播学视域，议题建构理论更加注重媒介议题的核心位置，认为议题建构的关键在于进入媒介议程，媒体在该过程中发挥了"看门人"的作用。朗氏夫妇将一个问题从新闻报道到公众议程的建构过程分为六个步骤：①媒体通过不同数量的报道吸引公众对事件的注意；②新闻报道的种类与篇幅要注重多元化与差异化；③通过媒体报道框架对既定议题赋予一定程度的意义，帮助公众接受和理解；④通过话语修辞和表述方式的变化，影响议题被感知的重要程度；⑤媒体需要将关注议题同政治、社会和文化背景等因素相关联，使之被纳入政治视域；⑥发言人公开表达，议题一旦被可信度高的知名人士提及，会提高其建构速度[137]。

本章研究对议题建构理论进行了梳理，回顾了议题建构的不同模式，并梳理了朗氏夫妇所提出的议题建构过程的六个步骤，以六个步骤为理论支撑，分析了环境政策传播的议题建构过程——突出报道、报道形式、构造意义、媒介语言、关联象征和大 V 介入，结合生活垃圾分类政策的传播过程，分析了多元主体各自的议题建构，并剖析了环境传播的议题建构过程。

3. 政治机会结构理论

（1）理论本源。政治机会结构理论，解释了人们在参与集体行动时促进或限制其参与的外部政治条件。1973 年，艾辛格（Eisinger）提出，"在社会集体运动中，一个政治制度面对社会挑战所开放的程度"就是政治机会结构[138]。通过研究公民的抗议活动，他发现不同的外部条件会影响公民与政府的互动行为，如开放的政治体制为群体运动提供了制度可能性。艾辛格将这种能够影响公众行为，存在于政治体制中的各种因素统称为政治机会结构。简金斯（Jenkins）与佩若（Perrow）将美国历史上两次农场工人的反抗运动进行对比，发现发生在 1946—1952 年和 1965—1972 年的两次运动具有高度相同的行动策略，遇到的阻碍也很相似，但结果却截然相反，因此，他们认为特定的政治"机会"会随着时间发生变化[139]。蒂利（Tilly）和麦克亚当（McAdam）提出，在研究中应当加入政治机会结构作为解释因素。蒂利表示，决定社会集体运动能否成功的六大因素就包含了"政治是机会还是威胁"。他还提出政治过程理论的经历模型：其一是政体模型，即国家是一个政体，包含了政体内成员和政体外成员两类；其二是动员模型，即公众的集体运动进程取决于六种因素的特定组合[140]，且公众的集体运动是由政治机会、内在的组织强度和认知解放共同影响而成。

20世纪80年代，在泰罗（Tarrow）的倡导下，政治机会结构不再作为众多解释因素之一，而是转变成为专门研究社会集体运动的理论。他认为，政治机会结构是"社会政治行动者形成社会运动的各种信号"[141]。也有学者认为，政治机会结构是"多种可供公众获得，可以进入公共领域和政策的制定与实施过程中的各种渠道"[142]。政治机会结构是指能够影响公众集体运动的政治环境因素，既包括机会，也包括威胁[143]。因此，通过该理论视角分析环境群体运动，应当从政治环境为环境抗争提供的机会和导致的阻碍两方面入手。

（2）政治机会结构的研究变量。基于不同的社会背景与政治环境，学者们对政治机会结构理论研究变量的界定具有多样性。蒂利详细介绍了政治机会结构动员模型的六大因素：运动参与者的利益驱动、运动参与者的组织能力、社会运动的动员能力、个体加入社会运动的阻碍或推动因素、政治机会或威胁，以及社会运动群体所具有的力量[140]。麦克亚当将政治体制的开放程度、支撑政体的精英联盟的稳定性、精英联盟存在与否、国家镇压能力与倾向称为政治机会结构的四种变量。克里西对发生新社会运动的四个国家，即法国、德国、瑞士和荷兰进行了比较研究，归纳出了三个影响政治机会结构的内容——正式的、非正式的、与既定的"挑战人员"相关的体制机制。

（3）理论本土化。由于政治机会结构理论根植于欧美地区，同我国的政治环境差异较大。因此，该理论只有在本土化和个性化的调适后，才可适用于对我国环境群体性事件的研究与分析。在中国，一方面，政府提高了对环境治理的关注，媒体也将环境议题作为报道的重点，公众通过新媒体更易获得与环境治理相关的信息；另一方面，政府严格规定环境保护组织的成立手续，并规定环境保护组织的各项活动程序，使其活动范围和内容控制在政府允许的范围内。

学者陈丹丹等进一步将大众话语权建构的政治机会分为两种：一是具有较强根源性、较差灵活性的现实性机会，如"政府信息闭塞引发公众猜疑""生态战略安排为环保工作提供战略合法性"；二是具有较强灵活性、较差根源性的补给性机会，如"来自环保组织的大力支持""不正确的媒介行为造成的话语权缺失"等[144]。朱海忠提出在环境集体运动中，存在"结构性机会"和"象征性机会"两种结构变量：前者显示了对环境抗争类事件，政府所给予的制度空间和操作路径；而后者则体现了中央政府对环境问题的态度[145]。赵玉林结合我国社交媒体平台的发展情况和互联网管理制度,将环境事件邻避冲突的政治机会结构分为四个方面:"冲突发起"着眼于集体行动发起者对互联网平台的主动性利用;"冲突扩展"侧重于旁观网民对集体行动的态度、影响和推动;"政府管理"与"平台支撑"主要分析政府、互联网企业采取的措施对集体行动构成的影响[146]。崔翔结合中国具体情况,构建了一个总体的政治机会结构解释框架,用以说明环境抗争事件的背景原因,如图5-2所示。

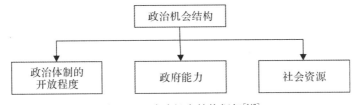

图 5-2　政治机会结构框架[147]

政治体制的开放程度解释了制度层面上公众的利益表达,如通过信访等渠道和国家对于群体抗争性事件的限制两方面内容;政府能力解释了政府治理能力和政府公信力;社会资源涵括了参与某事件的社会精英群体、带头者、舆论领袖和大众媒体等[147]。

本章研究借助政治机会结构理论,为公众广泛参与公共事务提供了重要理论支撑。政治机会结构研究的是促进或抑制公众参与集体运动时的各项条件。现今,我国政治体制的开放程度显著提高,政府能力不断提升,作为社会资源的新媒体平台日益开放,公众参与的政治机会相对成熟。

5.1.2　研究现状

1.关于环境传播的相关研究

德国社会学家卢曼提出,环境传播是"旨在改变社会传播结构与话语系统的任何一种有关环境议题表达的传播实践与方式"[148]。该研究的核心在于解构环境问题同社会问题的话语建构。也有学者则将环境传播定义为对环境事件的传播。考克斯认为环境传播是一种具有创制力的符号中介,能够帮助人们了解其生活的环境及其自身与自然界的关系,帮助人们建构环境问题,集中协调人们对环境问题的反应[149]。王莉丽认为,在广义层面,所谓的环境传播是指通过各种形式,对环境信息进行交流,广泛宣传报道环境政策、事件、状况和公民环保意识等内容[150]。刘涛认为,"从环境'信息'到环境'意义'的符号化表征行为与象征性建构行为就是环境传播"[151]。他从话语、权力与政治的角度,进一步拓展了环境传播与社会建构的关系。他认为,环境传播中的"意义"超越了"文本意义",是对"语境"的解读,环境传播不仅被"环境场域"中的传播关系所制约，还应当在"知识、修辞与话语"层面实现自身的合法性。通过刘涛的定义，环境传播从表层传播行为上升至建构主义视角，对环境传播的研究开始转向环境传播背后的权力运作。郭小平表示，环境传播是关于生态环境的信息传递、议题建构与意义分享的过程[152]。该概念不仅包括环境信息的传播和交流，同时在大众媒体平台对人与自然和社会的关系进行了讨论建构，建构环境议题、规范环保话语纪律和政治学生态等内容都包括在此。

环境传播具有较强的社会属性，同大众传媒和社会集体运动有着密切关系，并且在政治、经济、文化、民主等领域都有所牵涉。有关环境传播的研究涉及了文化、媒介、修辞和社会运动等方面的理论研究，具有鲜明的多学科特色。英国学者考克斯对有关环境传播的研究进行了划分，他认为存在实用主义和建构主义两种模式，在研究中进一步提出了所谓环境传播的实质就是建构公众对于环境和自然关系的认识过程。实用主义模式的研究侧重于人与自然的关系，涉及环境信息发送、接收和响应过程；建构主义模式的研究侧重于宏大角度，包括在信息传播过程中环境话语的修辞所涉及的政治、经济和文化等现实问题，从而揭示自然环境同社会的关系[149]。在有关环境传播的研究中，建构主义的视角被广泛关注。考克斯还提出了环境传播研究的七大领域：环境修辞学与话语研究、媒体与环境新闻学、环境决策中的民主参与、提倡与推广活动、环境合作与冲突解决、风险传播、大众文化与绿色营销中自然的再现[149]。我国学者曾繁旭、郭小平、陈甜甜等人梳理了前人研究，将环境传播的研究分为以下几个方面。

（1）环境传播的公共领域。考克斯界定了环境传播研究的公共领域，即传统主流媒体针对环境事件或议题所进行的符号传播行为，引发并建构的公众参与活动[153]。该方面研究主要是对公众参与环境议题传播与建构的探索及影响。

①有关公众对环境风险的认知及公众参与行为。公众对于环境议题的传播与参与是天然的自我保护行为，基于新媒体平台，公众有了更多了解、参与环境事件的机会，由此出现了一批有关环境事件公共参与的研究。基于架构理论，有学者建构了一套有关环境传播的"结构-行为"公共参与模式[154]。也有学者提出了"风险的社会放大"模型，解释了为何微小的风险能够引起社会大范围的关注及重大影响。在另类公共领域研究层面，本杰明·贝茨发现在面临突发环境事件时，公众从主流媒体获取信息的渠道关闭后，将通过新媒体动员相关利益群体，运用舆论对抗官方[155]。具体而言，有学者研究了民众对风险的感知内容，并提出了影响民众风险感知的20个重要因素，媒体的报道量、能否造成恐怖危险、是否涉及个人利益和人们对相关机构的信任程度等都包含在内。

②有关公共政策提出与民主转型。美国国家科学研究委员会研究了环境传播中公共政策和民主转型发现,公众参与对提高环境政策决策的质量和合理性产生了重要的影响,并有助于改善环境质量[156]。周瑞金认为新媒体环境使得单向传播被打破,民众获得了话语权;与此同时,曾繁旭等研究者开始强调新媒体的作用,他们认为新媒体越来越成为公众参与环境抗争的空间,传统的媒体议程设置、议题建构和框架设置将会影响公众的协商讨论,并可能导致政策发生变化。

(2)环境传播的媒体领域。近些年来,在有关环境议题设置方面,传统媒体极大地影响了公众的环境知识获取、环境政策认识和生态理念建构[157]。不仅新闻传播学界,就连地理学界也将研究的触角延伸至环境新闻学领域,主要包括谁被媒体再现出来、谁又被媒体刻意忽视、谁有这个权力去建构这个议题,以及媒体对这个议题的言说结构通过什么样的方式被置于意识形态框架中[158]。

(3)环境传播的政治领域。这里主要包括两个方面。

①关注媒体生产与建构的环境新闻研究。在该研究路径中,许多学者采用框架分析,对有关环境新闻背后的权力斗争机制进行探讨。一些学者从建构主义视角出发,发现了环境报道背后的价值观念、意识形态、商业化诉求同新闻专业主义之间的冲突。2008 年,全球变暖成为全世界共同关注的热点环境议题,罗素诺的研究表明,从科技角度报道环境议题时,也会将该议题囊括进政治范围[159];福斯特和墨菲发现,美国民众、精英和媒体的言辞,如"世界末日"等强调灾难的结束话语,故意减轻了全球气候变暖中人类的责任[160]。

②关注企业与政府的公关与风险沟通研究。其中,桑德曼所提出的"风险＝危害＋愤怒"尤为重要,形容公众对于环境风险认知的各种可能的组合。在风险沟通的过程中,斯洛维克提出了风险沟通中的信任议题,认为信任是"容易破坏并难以建立的",当信任被摧毁的时候,事件就会愈加严重;彼得斯发现改变机构在公众心中的负面刻板印象的关键在于,在风险传播过程中,加强政府、企业和非政府组织同公众之间的信任。

(4)环境传播的文化领域。研究集中在新媒体对于企业和环境非政府组织(Non-Governmental Organizations,NGO)倡导性活动的影响,而社会化媒体的发展,使得 NGO 的环保倡导趋向于采用更易普及和有效的方式让受众积极参与。研究发现,环保 NGO 的网络活动正在由广播范式(Broadcast Paradigm)转向对话范式(Dialogical Paradigm),正在经历从信息扩散向关系构建的变化,社会化媒体已经成为环保营销推广的重要平台。

　　环境政策传播是公共政策传播同环境传播的交叉内容，是二者共同作用的结果，在该过程中，环境政策以热点环境事件的角色进入传播视域。学者们在广义和狭义层面上定义了环境传播的内容，一是对环境信息的传播，二是进行有关环境的意义转换和象征性建构，有助于理解环境政策传播过程中，多元主体议程互动的深层原因。环境传播公共领域理论主张研究公众参与对环境事件建构的影响，为本章研究中公众参与环境议题提供理论支撑。媒体领域的研究主要集中在媒体对环境的建构，从较为客观的角度，为环境议题提供全新的探讨视角。在政治领域的研究中，环境新闻背后的意识形态与价值观念、政府信任等问题被广泛关注，为本研究政府议程的研究方向提供了合理参考。

2.关于议题建构的路径研究

　　议题建构是议程设置背景下的独特环节，是涉及议题以及关注议题的各方对议题的阐述和表达。本研究以议题建构理论为基础，结合环境社会学的相关分析理论，对新媒体语境下环境问题的议题建构的过程和方法进行阐述与分析，以期解读环境议题在新的传播语境下多元建构的新路径。

　　(1)社会议题的建构路径：社会建构理论。1966年，伯格和卢克曼首次提出社会建构理论，随之对概念不断地加以阐述；1973年斯佩克特和科茨尤斯进一步提出了建构主义的研究范式，他们提出所谓社会问题不是静止的、孤立的状态，而是在集体社会背景中不断发展变化而形成的"系列事件"，人们表示并传播不满就是社会问题的形成过程[162]。卡匹克在研究环境社会问题时，主张从社会运动、社会建构等角度来分析社会问题。在前人研究的基础上，耶雷审查了"绿色案例"，并阐述了过去20年里人们环保意识和运动兴起的原因。

　　传统功能主义理论注重通过冷静、客观、静止的方式思考社会问题；社会建设理论则认为，社会问题是由于社会发展而产生的，研究者更多关注的是问题背后的社会建构过程和路径，而将问题本身予以搁置。维纳将社会问题的建构过程分为三个阶段：问题的动员、问题的合法化、问题的展示。这三个方面并非简单地依次呈现，而是相互作用、循环交叠的。维纳认为社会问题的建构过程的三个阶段并非相互独立运行的，而是相互影响的[163]。具体如图5-3所示。

图5-3　维纳的社会问题建构过程

(2)环境议题的建构路径:环境社会学理论。

①索尔斯伯里的研究模型。索尔斯伯里侧重于研究和发现环境问题发生全过程的政治因素,在他看来,区域环境条件本身的变化和地区生存中公众舆论的变化是环境议题发生变化的双重因素。类似于维纳提出的三个阶段,索尔斯伯里认为,所有环境问题的发展经历了三个阶段的独立发展:开放并吸引注意力、寻求环境议题抗争的合法化、实践的环境行动和政策落实[164]。具体如图 5-4 所示。

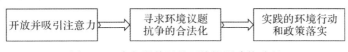

图 5-4　索尔斯伯里的环境议题建构路径

②汉尼根的环境建构论。汉尼根对于环境事件如何被"问题化"有较为深入的研究[165],他认为尽管环境议题与一般社会议题的建构过程有许多相似之处,但二者也存在显著的差别。首先,社会议题包含的范围更加广泛,融合了医学话语、公共话语和政治话语,更求助于道德而非科学的解释;与此相比,环境议题对于科学性的要求更高,如全球变暖、雾霾等问题的解决必须求助于科学的发现和主张。其次,尽管环境议题也是根源于人类的,但具有更多的事实根据,而在建构过程中,社会议题往往会从私人性转向公共性[166]。

汉尼根将环境议题建构分为三个阶段:首先,对议题进行定义;其次,当人们了解议题之后,需进行广泛传播;最后,激发人们采取行动促成事件的解决。他认为环境议题遵循了特定的顺序,即聚集环境主张、呈现环境主张、竞争环境主张。该流程是整个环境议题建构的总体特点,单个环境议题的构建同样是相互交织同时进行的。具体如图 5-5 所示。

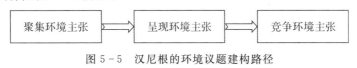

图 5-5　汉尼根的环境议题建构路径

聚集环境主张:发现议题、阐述议题并对议题进行定义命名。

呈现环境主张:把诉求引入公众视野,把议题公开化、合法化。该环节要吸引人们的关注,具有新奇性、重要性和易理解性,但议题并非能够天然地成为公共议题,应当在多元主体舆论场域中寻求议题合法性。

竞争环境主张:寻找权力领域的帮助,推动环境议题政策化。

汉尼根认为,在建构环境议题的各个阶段,每个主体都有各自的任务,并以此绘制了"环境议题建构过程中的关键任务表",见表 5-1。

表 5-1　环境议题建构过程中的关键任务表

项目	主要行动	核心载体	支柱性依据	支柱性角色	潜在陷阱	成功战略
聚集环境主张	发现问题；命名问题；确认主张的基础；建立参数	科学界	科学的	动向观察员	条理不清晰；含糊；科学证据存在分歧	创造经验性焦点；理顺知识主张；进行科学的职能分工
呈现环境主张	寻求注意力；寻求主张合法性	大众媒体	道德的	传播者	可视度低；新鲜感下降	与什么流行话题相关联；利用戏剧性口语与视觉表象；修辞策略与战略
竞争环境主张	激发行动；动员支持；保护主张所有权	政治	法律的	政策分析者	政治同化；议题疲劳；抵消性主张	建立网络；发展专业技能；开启政策窗口

在环境社会学视域中，以汉尼根为代表的环境社会学者提出了环境议题的建构路径：聚集环境主张→呈现环境主张→竞争环境主张。环境政策的传播过程同样符合这一建构路径，无论是吸纳式，还是触发式的环境政策传播过程，政策发起主体往往要经过吸引关注、表达意见、争取议题合法性的过程，研究环境政策议题的建构路径，有利于提出更加合理高效的关于多元主体议程互动的建议。

3. 多元话语建构的主体研究

议题建构中的多方观点是多元话语建构的前提。在事件发酵至议题的过程中，有哪些群体发表了自己的观点，他们采用了什么样的方式进行阐述，具有怎样的话语权是本章研究讨论的重点。

传统议程设置理论中，新闻报道是政府、媒体和公众一同关注的热点议题。在后续发展中，罗杰斯和迪灵将政策议程分为政策议程、媒体议程和公众议程三类，通过相互作用，共同完成议程设置。与此相对应，在环境议题中，政府、媒体和公众通常被看作是多元主体，三者议程进行密切互动，有许多研究者以此为研究基础对各项议题建构中的多元话语进行分析。

环境公共议题同公共议题具有共性，但也有其特殊性。在公共环境议题中，除政府、媒体和公众三方的对话之外，还应当考虑到涉环境事件的企业、居民和环保组织等,以及新媒体环境中的网络意见领袖,因此其话语建构的主体更加多元和丰富。2017 年,卓广军和薛奎将"行动者"概念纳入了研究有关少数民族进行多元主体参与环境群体性事件的话语方式,并根据少数民族独特的生活环境和参与主体的身份特征,将环境保护事件中的话语主体身份分为四类。①意见领袖:在环保领域中,与环保相关的知识分子和专业媒体人士;②政府和从业者;③原住居民:文化程度较低、没有商业产权,并在市场活动中的参与程度低的一般人群;④企业商户:具有实体经济的管理者。此外,在环境领域,环保组织也是关键的议题参与者。綦星龙在研究微博话语场中公共环境危机的话语建构的问题时,提出了四大传播主体——公众、媒体、政府和环保组织/环保人士[167]。

多元话语建构的前提是多元主体的参与,研究清楚谁会提出议题以及谁参与了议题的建构,有助于厘清环境议题的建构路径和议程互动模式。议题建构路径在传统媒体时代和新媒体时代迥然不同,话语主体也更加多元。尽管在环境议题中还存在 NGO、企业、原住居民、企业商户等话语主体,但作为政策制定者的政府、议程组织者的媒体和政策反馈者的公众,仍是最重要的话语主体,在环境政策传播过程中起着最重要的作用。

4. 关于政策议程的相关研究

(1)政策议程的概念。从政策议程设置的起源入手,研究人员更注重的是政策议程的分类、构建政策议程的路径和模式等。沙夫里茨和莱恩对政策议程设置进行了概念界定,即将在政治运作过程中形成的议题提交给相关机构;詹姆斯·安德森则从政策的被感知和被采纳性入手,认为政策议程是政府决策者从公众提出的数以万计的要求中所选择、采纳、解决的内容;约翰·金登将政府官员感兴趣的话题称为政策议程;科布等人认为,能被政策决策层高度关注的事件就是政策议程。我国学者借鉴西方研究视角,站在政策制定者角度,将所有被纳入政府议程中讨论商榷的内容界定为政策议程。曾峻认为政策议程就是"政策机构决定某一公共议题是否能进入政策程序并优先解决的过程";王骚认为决策组织为了解决社会问题,通过讨论、协商和规划所进行的程序就是政策议程。

(2)政策议程设置路径。政策议程设置路径广泛,有二分法、三分法和四分法三种方式。托马斯·戴伊是持二分法的学者,他提出了自下而上和自上而下两种政策议程设置方法;科布强调政策提议者角色的重要性,基于政策制定的方式提出了内部提案、外部提案和动员三种议程模式。此外,科布还提出了政策议程设置的四分法:一是由具有竞争性的派系引起,即其派系认为其在地位与资源配置方面遭到不平等待遇;二是政策发起者基于自身利益发起;三是由突发性事件触发;四是由缺乏资源和社会地位的群体以服务公众为由发起。我国学者在国外经典理论的基础上，结合具体实际，研究了不同政策议程设置的路径。曾润喜等人认为，议程可以通过制度化和非制度化两种形式进入政策议程[168]；徐晓新和张秀兰提出了政府主动、公众主动和多元沟通三个政策议程设置路径[169]。

（3）政策议程设置模式。关于政策议程设置模式，形成了较为权威的理论框架，奥尔森提出的企业制定决策的"垃圾桶模型"是起源。约翰·金登在1984年提出的多源流政策分析理论则具有典型意义，他认为问题流、政策流和政治流通过"耦合"完成议程设置。科布进一步提出了议题成为政策的关键在于"触发"，存在内在触发装置与外在触发装置两类；格斯顿则明确提出了触发机制，强调了范围、强度和触发时间是触发机制的关键性因素。我国学者在政策议程设置模式研究中以构建模型为主，从西方理论出发，结合我国的具体情况，建立了符合社会环境、舆论环境和政治环境的政策议程设置模式。况广收等人提出了建构社交媒体时代的分析框架[170]。鲁先锋提出了从"权力距"视角分析政策议程设置过程，他认为，"权力距是一种向量关系，用于关注政策议程进程的连续状态，所述关系包括三个因素：接触点、动力、方向"[171]。由于政策制定者、公众参与度和新媒体环境对于政策议程设置的多重影响，我国学者基于此提出了多种政策议程设置模式，例如：王绍光的六模式论——关门模式、动员模式、内参模式、借力模式、上书模式和外压模式[172]；费久浩则将政策议程设置过程分为媒体启动模式、权威动员模式和公众触发模式，其中公众触发模式是适应新媒体语境的全新模式，是网民通过网络平台共同探讨某一议题的模式[173]。

学者对政策议程的研究主要集中在事件是何以进入到政策议程的过程中的，即政策议程的路径和模式。本章研究的核心议题，即环境政策是典型的公共政策，其传播过程就是政策议程的形成过程，亦是研究政策议程的焦点。

5.文献评价

在作者已经检索到的文献中发现，有关本章研究的文献集中在以下几个方面。

（1）关于环境传播的研究较为广泛，集中在以下三个方面：在公共领域，主要涉及有关民众对环境风险的认知、公众参与行为和公共政策的提出与民主转型；在媒体领域，主要涉及新闻媒体在影响公众的环境知识获取、环境政策认知与生态观念建构方面的能力；在政治领域，主要涉及媒体建构的环境类报道、政府公共关系和风险沟通文化领域，探讨新媒体环境对于企业和NGO环境倡导活动的影响。作为环境传播的环节，环境政策传播包含公众参与公共政策、媒体建构环境信息、政府表达环境事件背后的意识形态，环境传播的研究内容贴合了本研究多元主体对环境政策传播的建构与参与。

（2）关于环境政策的研究，国内外学者从广义和狭义的角度对环境传播进行了概念界定。环境政策不仅是国家和各级地方政府为了保护环境而制定的环境保护准则，也包括国家环境治理的社会价值、利益分配等方面的内容，同公众的利益密切相关。环境政策是笔者主要的研究对象，通过阅读相关文献，对环境政策有了较为清晰的认知与界定，在厘清环境政策概念的同时，更进一步明确了环境政策背后所蕴含的社会价值观念，有利于了解政策倡导者的真实意图。

（3）关于议题建构路径及主体的研究，以汉尼根、洪大用为代表的环境社会学家从社会学的角度解构环境议题的建构路径，大致分为议题出现、议题合法化、政策出台三个部分。笔者以社会建构理论和环境社会学对社会或环境事件的建构路径为依据，剖析了环境政策传播中政府、媒体和公众对政策议题具体的建构路径，有利于较为深刻地理解不同环境政策的传播主体和路径模式，从而提出合理建议，促进环境政策更高效科学地传播与实施。

（4）关于政策议程设置的研究，从政策议程的概念入手，介绍了政策议程设置二分法、三分法和四分法的建构路径，阐释了不同信息传播环境下的政策议程设置模式。环境政策通过媒体平台进入政府和公众视野，经过合理讨论后成为被政府商榷的政策议程，环境政策议程具有典型的政策议程特点，其议程互动模式符合政策议程设置的路径。

就环境政策传播政府、媒体、公众的议题建构和互动关系而言，学者们大多采取某一环境事件作为研究对象，运用案例来解释和分析。笔者致力于从新媒体时代信息传播的交互性出发，对自上而下和自下而上两种环境政策议程设置案例进行分析，研究公众、媒体、政府多元主体对环境政策议题的建构路径。此外，通过实证分析方法，解析环境政策传播中政府、媒体、公众议程之间的关系。

5.2　环境政策焦点事件触发议题建构机制

从传播学视角理解，议程设置理论强调媒体议程和公众议程的关系，阐述媒体是如何影响公众对于议题的选择和传播的。议题建构理论的重点则更为宏观，涵括了议程设置的内容，同时还关注是谁设置了议程，怎样设置的，以及在这个过程中政府、媒体和公众是如何互动的。综合而言，环境政策的议题建构反映了政策在传播过程中政府议程、媒体议程和公众议程之间的互动关系。麦库姆斯曾用"剥洋葱"来形容其建构过程：第一层是来自政府的政策宣传以及同媒体的"传话"行为；第二层是作为"传声筒"的媒体向公众报道政策宣传的行为；第三层是受到大众媒介潜移默化的传播，公众在新闻信息接收和环境行为层面形成新的规范[132]。

作为理论创始人，在研究水门事件中的媒体和民众之间的关系时，朗氏夫妇发现，议程设置理论不能够解释这一复杂事件，因而在前人研究的基础上提出了议题建构理论。他们认为，政府、媒体和公众的相互作用和影响决定了重要议题是议题建构的核心与实质。在文献部分，承接上文，具体阐述议题建构过程的突出报道、报道形式、构造意义、媒介语言、关联象征和意见领袖介入六个步骤，为分析环境政策传播议题建构提供了理论支撑。

1. 突出报道和报道形式

议题建构理论前两个步骤为：①报纸突出某些事件或活动，使其瞩目；②报道不同类型、数量和种类的新闻议题，更有利于引起人们的注意。在传统媒体时代，报纸是大众媒介的核心产品，甚至被认为是官方向公众"射出"的"子弹"，具有一击即中的影响力。人们在接收报纸信息时，能够被媒介所设置的议程显著影响，对媒介选定的议题进行探讨。

伴随着互联网的发展演变，网络社交媒体平台成为重要的信息传播渠道，微博的诞生也改变了原本的信息传输方式，议题建构的路径由媒介设置议程向多元主体共同参与发展。由于环境变化关乎最广大群众的生存利益，许多环境类事件发生后，公众甚至能够先于媒介组织发表意见，吸引大众媒介的关注，促进政府部门介入环境事件，但从根本上而言，环境政策要进入公众视野，必须要经过媒介环节，媒体的报道对议题得以建构起着至关重要的作用。媒体作为议题组织者，搭建了公众与政府信息互动的桥梁，同时基于一定的价值取向建立政策舆论场[174]。在微博空间中，媒体依然享有最权威、最广泛的传播话语权，如《人民日报》微博粉丝已达 1.13 亿，每日浏览量超过 100 万次，是公众获取信息的重要来源。

作为政府和公众的桥梁，媒体对于信息的选择以及报道的数量、题材都影响着公众和政府对环境信息的关注度。为了满足公众对于环境政策议题的多元化需求，媒体正在不断实现环境类议题的多元化报道，例如在福建泉港碳九泄露事件中，政府、媒体和公众三者在微博空间展开了博弈。2018 年 11 月 4 日，泉港区环保部门发布公告称有 6.97 吨碳九物质从码头处泄漏，在同日亦表示"由于处理及时，当天已完成清理工作"。由于政府部门的公告，当地企业和民众对此并未关注与质疑。11 月 8 日，《人民日报》等多家媒体开始跟踪对该事件的报道，《人民日报》在当天连续发布 5 条微博，表示清理工作虽已完成，但当地居民仍反映身体不适[175]，该信息发布后引起了人们的关注，正式走进了公众视野，完成了议题建构的第一步。

发布不同形式和不同数量的环境信息，也是建构环境议题的重要环节。不同形式的媒介信息会引起人们对于环境事件和政策的不同感知，相关信息的发布数量在一定程度上也能够影响政府和公众对于事件重要性的感知程度。泉港碳九事件之所以能在 11 月 8 日引起关注，是由于《人民日报》等传统媒体的介入，其在当天连续发布的 5 条微博将事件搜索量显著提升，使其成为微博热搜事件。观察当日将议题推进的 5 条微博，其发布形式和关注量具有一定的相关性，三条图文形式的微博总评论量为 16185、总点赞量为 45366，而两条文字＋视频形式的微博总评论量为 51486、总点赞量为 231105，这表示视频新闻的关注度远高于图文新闻，人们通过视频能够更深切、更直观地感受到环境污染情况，更易产生共鸣，将环境议题纳入公共议程。

2. 构造意义和媒介语言

大众媒介的话语权具有局限性，媒体的议题建构活动在一定程度上受到了国家主流意识形态的限制。因此，媒体需要在既定的话语框架内，通过一定的媒介话语方式来构造意义，促使环境议题具有正当化的意识形态。朗氏夫妇议题建构过程的第三、四步的内容为："③对热点事件和活动'构造'一定范围的意义；④媒体对语言的灵活应用能够影响人们对于某议题的关注程度"。议题建构的前两步实现了媒体将环境议题上升为公共议程，促使公众关注并讨论环境议题，第三、四步则是媒体赋予环境议题"意义"的过程，通过框架和媒介语言的使用，对议题进行话语意义的争夺。

媒体在对政策信息和环境事件进行客观报道的同时，通过策略性的话语表达，扩展了议题内涵，更深层次地反映了环境议题背后存在的社会问题。在该过程中，媒体往往能够形成一种"合力"，以"职业联盟"的形式相互协作，赋予议题一定的意义。学者在研究有关"雾霾假"的媒介议题建构时发现，面对环境议题，大众媒介通过框架为议题赋予意义[176]，如"信任政府框架""技术风险与环境正义框架""责任归因框架""事实报道框架""环境反思框架"等将"雾霾假"背后深层的现实原因交代出来，媒体基于自身定位和价值体系对环境议题表达的话语存在着不同程度的差别，共同建构了环境议题。不同的新闻媒体，由于立场不同，其话语表达与框架存在一定程度的差异。

在自上而下宣传环境政策的环境议题建构中，以党报为代表的党政机关媒体通常作为政府"传声筒"，呈现出支持政府的框架，注重强调环境政策的重要意义，使用支持、信任、有信心、环保等媒体话语；以都市报为代表的市场化媒体，更贴近于公众视角，以政策可行性框架为代表，使用生活、工作、落实、可行性等话语，强调政策落地的现实意义和对民众生活的影响，在现实层面质疑政策存在的问题，推动政策完善。在自下而上倒逼环境政策出台的环境议题建构中，以《人民日报》为代表的中央党政机关媒体在传播环境事件时，通常采用评判地方政府的语言，强调中央政府将出台政策合理解决环境问题；地方媒体在报道环境事件时，通常采用问题处置框架,将事件发生的经过、处理方式和处理结果予以公布,突出地方政府应对事件的积极态度;市场化媒体多呈现"公民权利框架",站在公民角度争取更多的话语权,要求合理的环境政策出台。

3. 关联象征和大 V 介入

在议题建构理论中,最后两步为:"⑤经过以上步骤,媒体将公众正在关注的重要事件放置于政治领域,并将其与相关的次级象征联系,人们在该议题中基于一定的认知基础采取立场态度;⑥当具有高知名度和权威性的人介入议题时,将加速议题建构过程。"当环境议题已成为多元主体的讨论热点时,为了便于对议题的讨论,媒体通常采用一定的政治性象征帮助公众理解环境议题。此外,面对具有高热度的环境议题,微博上相关的大 V 通常会介入建构过程,作为意见领袖表达公众的意见。

将环境议题同政治领域的次级象征关联起来,不同于为议题赋予意义,而是在一定层面上为环境议题合法化做出努力。当环境议题同政治象征关联在一起,该议题就具有了一定的政策属性。在议题建构中,意见领袖的介入往往在一定程度上代表着公众意见的表达。在环境议题中,NGO 具有意见领袖的作用,它们利用各个传播渠道,吸引政府、媒体和公众对于环境议题的关注。在新媒体环境中,许多 NGO 开通微博成为拥有粉丝百万的环保大 V,在微博平台同多元主体进行互动,监督政府对于环保政策的落实。

■5.3 环境政策的多角色议程建构与互动

环境政策传播涵括了整个环境事件的议题发起、议题扩散、政策制定、意见反馈、政策执行的全过程。多元主体在政策议程设置的过程中,开始逐渐交流互动,呈现出多向的议程设置模式,涉及更为复杂的环节和要素。对零散的、非系统性的环境问题,三方要充分考量政策议程设置中的各个要素、传播的内容,结合内外部环境和各方利益,形成科学的、具有长效性的环境政策。

5.3.1 政府-媒体-公众互动的条件

1. 开放的网络平台

在传统媒体时代,媒体具有强大的功能,诞生了"魔弹论"等媒介效果理论,反映了媒体对公众的强大影响力。由于缺乏可接触的公共参与平台,公众处于单向传播的接收端,只能被动接收来自媒体的信息,难以实现同政府和媒体的有效沟通。议程设置理论诞生之初,研究重点就在于媒体的议程设置效果,媒体在很长的时间内主导着公众议程。

网络平台的开放性、可接触性、交互性等特征,为政府、媒体、公众的政策议程互动提供了技术前提。政府发布的政策信息和回应、媒介组织的环境议题和引导、公众的利益诉求和反馈共同展示在网络平台中,各方根据议题的紧急程度和自身利益,选择性地突出某些议题,使其进入公众视野,共同打开"政策之窗"。根据施拉姆的传播模式,传者和受者在此时被模糊了界限,双方均扮演编码者、释码者和译码者的角色,公众通过"麦克风",围绕相关的环境议题,主动参与政策议程互动的过程。

2. 公众参与意识的觉醒和制度保障

所谓公众参与,是在特定的程序和方法的规定之内,公众和组织团体依法参与公共事务的过程。当涉及公共事务时,他们通常采用申诉权益、传达不满的方式促进公共事件进入政策视野,从而实现在政策制定、执行、评估层面的参与,并实现公共治理[177]。在新媒体语境下,要想建立多元互动的政策议程设置模式,关键在于政府和公众共同作用。在制定政策时,政府应当尊重公众,主动倾听公众的意见与呼声,建立民意调查制度,收集公众舆情,实现"回应型政府"的角色定位,当在制度层面实现保障后,公众能够采用信访、行政诉讼、民意调查、舆论传播等方式参与互动[178]。现阶段,我国的公民参与水平还有待提升,政府应当通过行政手段,主动了解公众对于政策制定的观点和需求,邀请公众进入政策议程设置的过程中。公众应当转变观念,认识到自身在国家管理和政策议程设置中的主体地位,提高公民参与意识,主动了解环境政策相关的内容,从而实现理性参与。

3. 公众和媒体媒介素养的提升

随着媒介文化的快速发展,媒介素养的内涵日益丰富。陈力丹认为,媒介素养既强调公众对媒介的认识和使用,也应当涵盖媒介从业者对自我职业精神的认知[179]。在政策议程设置中,公众议程伴随媒体议程而生,因此,提升公众的媒介素养对于政策议程互动具有重要意义。现今,公众对于媒体的认识和使用还存在部分问题。2013 年,有市民在听闻 PX 项目落户昆明后,在网络上发出了抗议的呼声。公众一味表达悲观,不去理解环境事件本身、项目内容和治理方法,反映了公众的不理智。因此,只有公众提升自身的媒介素养,才有利于实现其影响媒体议程和政策议程的目的。对于媒体而言,媒体从业人员的媒介素养影响着媒体报道的质量,更影响着媒体议程设置的效果,只有当媒体从业人员提高了自身的媒介素养,主动学习更多有关环境事件、环境政策的知识,才能够增强环境政策报道的深度与广度,使媒体议程更有内涵,以此推动公众议程和政府议程的发展,使三者实现有效的互动。

5.3.2 政府-媒体-公众互动的内容

政府、媒体、公众根据自身的不同立场,通过媒介发表不同的观点、看法、态度,三方不断互动、交流,经过多次讨论、评估、反馈,最终实现了较为一致的观点态度。总体而言,有议题潜伏期、议题爆发期、政策形成期三个阶段。

1.议题潜伏期

在议题潜伏期,包括以公众为主体和以政府为主体两种发起模式。以公众为主体的议题发起通常以某个事件或社会热点问题为起点,少部分网民借助网络平台发声,吸引更多的网民和意见领袖进入舆论场,而以政府为主体的政策议题在发起阶段则通过小范围的政策试点或者借助媒体,征询公众对于政策的意见。在漳州 PX 项目事件中,政府首先将 PX 项目隐去,用"古雷奇迹""古雷开发区""石化新城"等字眼代替,主张"有利于重大石化项目的平稳落地"。这一时期,地方媒体处于失声状态。

2.议题爆发期

在议题爆发期,政府、媒体、公众齐发力,共同参与到环境政策议程的讨论中,基于各自的立场表达不同的观点态度。政府从维稳、安全保障、经济效益角度阐释环境议题的重要性;公众则从邻避视角出发,通过激烈的措辞和行动表达对于环境项目的恐惧和质疑;作为中间层的媒体,既是政府的"发言人",也是公众利益的捍卫者,因此,在向公众解释环境议题科学性的同时,也从公众角度调查环境议题,维护公众利益。在漳州 PX 项目事件中,政府在议题爆发前期做了较为周密的安排,为了推进 PX 项目顺利落地,漳州市政府从科普教育、引导网络舆论、组织科普讲座三个方面入手,引导公众正确认识 PX 项目,还组织了机关干部、村干部、离退休老干部、记者、学生、渔民分批赴南京、新加坡、日本等地考察。

3.政策形成期

在政策形成阶段,政府主动站出来发言,并完成了政策制定、政策实施和政策评估等过程,多元主体仍处于互动的状态,对政策本身及其衍生问题产生相互作用。在这个过程中,政府查找政策实施问题并予以修正,因此,政府主导的政策议程成为各方讨论的焦点,媒体对议题进行进一步的扩散与再建构,公众则能够合理地提出自身的诉求和观点。在 PX 项目环境影响评价中,漳州市政府提升其政策透明度,邀请公众参与该过程,公开地让公众了解项目的危险性和复杂性,同时也表明了漳州市政府能够控制危险的决心,提升了公众对政府的信任。政府向公众作出承诺,同时组织听证会,收集公众的意见,回答公众的问题。在议题爆发期,群众通过论坛等方式表达了抗议,但是随着议题的深入和政府补偿措施的出台,在政策形成期,公众逐渐接受PX项目,搬迁至安置房,媒体则较多地宣传开发区项目的进展情况。

5.3.3　政府-媒体-公众互动的过程

结合经典议程互动模型,以及我国学者基于国情提出的政策传播过程模式,笔者从新媒体视角出发,重视在政策议程传播过程中多元主体的互动与交流,建构了新媒体语境下的多元主体政策传播过程模式(见图5-6)。

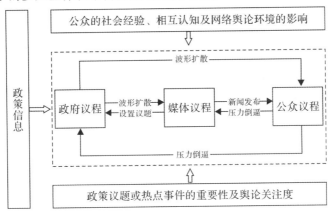

图5-6　新媒体语境下的多元主体政策传播过程模式图

该模式反映了在政策传播过程中,政府、媒体、公众是如何互动交流的,并体现了在政策形成时,公众、媒体和政府受到的来自公众社会经验和网络舆论环境的外部影响。在环境政策传播过程中,政策信息或相关环境事件进入政策形成的整体议程中,向政府、媒体和公众发出政策信号,以政府为主导的政策议程通过波形模式扩散到媒体和公众处。由于网络信息冗杂,因此,媒体通过新闻发布等方式向公众传播信息;公众了解相关环境事件后,通过压力模式倒逼政府和媒体做出政策调整及回应,以满足公众的环境诉求。以公众为发起者的环境政策传播过程具有"触发"效应,少部分公众率先吸引相关群体的参与,通过媒体形成舆论压力,从而倒逼政府作出正面回应。自上而下和自下而上的政策传播过程均反映了环境议题和事件的重要性,同时也强调了公众和媒体的重要作用。

5.3.4　政府-媒体-公众互动的影响

以政府、媒体、公众为代表的多元主体在政策传播过程中进行互动交流,不仅有利于政府倾听公众的声音,更有利于公共政策的有效传递,确保政策在上传下达的过程中实现自身的效益,促进政策执行更加高效、科学、合理。

1.对于互动主体的影响

从政府角度出发,面对众多的政策议题,政府在冗余的信息中难以获知紧迫的、需要立即解决的环境议题。通过公众的压力倒逼和媒体的议程设置,有利于政府尽快了解涉及公众生命安全的环境问题,出台相应的环境政策。在政府主动设置的环境政策议程中,多元主体互动有助于政策尽快为公众知晓,通过三方探讨,了解公众真实的诉求,不断调适环境政策以适应环境问题在政策层面的解决。此外,促进环境政策传播有利于进一步实现政务公开,树立政府积极回应的良好形象;有利于提高政府的议题管理能力,提高其在环境政策制定和执行层面的专业性。从媒体角度出发,参与环境政策传播过程,同政府和公众进行互动交流,有利于提升议程设置的核心作用。通过对环境政策的报道与梳理,媒体能够充分发挥舆论引导的作用。在自下而上的政策议程设置过程中,媒体能够凭借其"把关人"的角色主动设置议程,建构议题。从公众角度出发,环境政策的发布有利于公众发现环境问题,通过社会化媒体发出环境诉求,吸引政府的关注与反馈。由于三方对于环境政策的互动,公众在该过程中能够提升其政治参与的热情与积极性,有利于增强公共舆论的影响力。

2.对于政策公开和社会效果的影响

政策传播是政策信息公开的必要途径和结果,是政府、媒体和公众讨论环境政策的必要条件和前提。通过三者的交流互动,以往的政策制定→政策公布→政策执行的单向模式被转变,从政策的输入端到输出端均有三方的参与,公众不仅能够主动设置环境政策议程,更能够了解政策制定、执行、评估、调适的全过程,从真正意义上落实了媒体和公众对于政府政策的监督作用,提升公众对于环境政策自身的认同感,从而推动环境政策更好地落实与执行,收获良好的环境政策效益。从社会发展和社会效果层面而言,公共政策的传播不仅推动了国家政治制度化、透明化、公开化,更促进了社会长久良性发展。政府、媒体、公众的互动能够使环境政策被发现、被关注、被议程化,在互动的过程中不断被优化,能够促进环境政策更加符合社会现状,贴近公众诉求,实现环境资源的合理分配,推动环境公共问题得以科学合理解决,促进环境政策社会效果的提升。

■5.4　生活垃圾分类政策的各角色议题比较

5.4.1　政府-媒体-公众的议题比较分析

本章选取所有被认证为政府官方账号发布的有关"生活垃圾分类"的博文及其对相关信息的评论内容为政府议程,以《人民日报》《中国日报》等全国性媒体,《天津日报》等地区官方媒体和《新京报》、澎湃新闻等都市媒体为代表的所有认证为媒体的微博账号所发布的相关内容为媒体议程,以公众发布的博文及其评论为公众议程,分析多元主体的议程互动关系。笔者通过研究多元主体在三阶段的相关关系,以回答以下三个问题:第一,在属性议程层面,政府议程能否影响媒体议程;第二,媒体议程能否影响公众议程;第三,在社交媒体时代,政府议程能否直接影响公众议程。

政府、媒体和公众在生活垃圾分类政策传播过程中,经过了三个不同的阶段。笔者将 2019 年政策酝酿期、政策试点期和政策扩散期三个阶段政府信息发布、媒体报道及公众讨论的发帖量归纳为时间架构图进行对比,如图 5-7 所示。通过绘制政府、媒体、公众在环境政策传播过程中信息发布占比柱状图,较好地分析了多元主体的信息发布和议题建构情况,如图 5-8 所示。

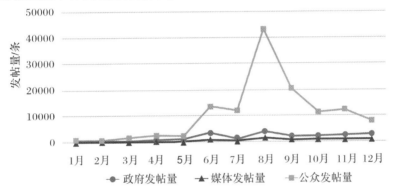

图 5-7　生活垃圾分类政策政府、媒体、公众发帖量时间架构图

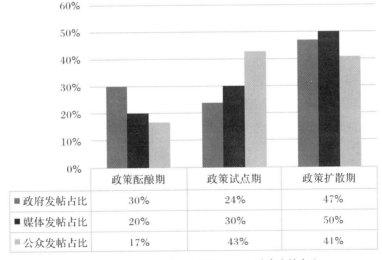

	政策酝酿期	政策试点期	政策扩散期
■ 政府发帖占比	30%	24%	47%
■ 媒体发帖占比	20%	30%	50%
▨ 公众发帖占比	17%	43%	41%

■ 政府发帖占比　■ 媒体发帖占比　▨ 公众发帖占比

图 5-8　生活垃圾分类政策政府、媒体、公众信息发布占比柱状图

图 5-7 显示,多元主体关注度在时间层面上较为一致。在政策酝酿期,三者发帖量呈缓慢上升趋势,三者在这一时期的发帖量总体上相近,未出现井喷式特点;在政策试点期,由于上海市生活垃圾分类政策的严格实行,基于对政策实施效果的观望,三者在 7 月的关注度有所下降,但在 8 月,政策扩散通知的下发和政策实施一个月促进媒体和公众的关注度达到了峰值,且公众关注度在 8 月呈现出急剧增长;在政策扩散期,政府、媒体和公众对于政策的讨论及关注度呈波形下降,说明随着政策的实施,多元主体的注意力已开始转变。

(1)政府方面。2019 年 1 月 31 日后全国范围内有关垃圾分类的政府信息数量有所提升,但主要集中在上海市。7 月 1 日起,上海市正式施行生活垃圾分类政策,政府对此进行了多次信息公布。另外,生活垃圾分类政策将推广至全国 46 个重点城市,相关城市政府对此进行了信息公布及政策引导。

(2)媒体方面。在生活垃圾分类政策公布初期,媒体作为党和政府的喉舌,行使上通下达的责任,将政策信息传递给公众。随后,由于上海市作为试点城市开始施行生活垃圾分类,媒体开始履行其舆论引导的功能,多家媒体专门为垃圾分类报道开辟专题栏目,展示政策试点过程中取得的成就和面对的问题,对于公众关心的问题予以专题报道。在该阶段,媒体发挥其协调社会关系的功能,为公众答疑并反映问题。9 月以来,进入政策扩散期,媒体进行了集中报道、传播资讯。同时,试点工作达百天,诸多媒体推出生活垃圾分类政策百天系列报道,履行其社会监督功能。

(3)公众方面。政策公布初期,政府和媒体的信息并未引起公众的广泛关注,公众发帖量较低。在政策试点期,上海市开始实施生活垃圾分类,为公众带来了探讨话题,或赞扬、或质疑、或抱怨、或支持……上海市乃至全国公众立刻进入议程,该政策成为最受关注的热点话题之一,之后公众议程呈现出急速滑坡。随着政策传播进入扩散期,生活垃圾分类政策逐渐淡出公众视野,尽管仍保持一定的关注度,但主要集中在质疑政策可持续性等批判层面。

5.4.2 政府-媒体-公众一级属性议程比较

笔者将政府、媒体及公众在生活垃圾分类政策传播中的一级属性议程加以总结,如表 5-2、图 5-9 所示。

表 5-2　政府、媒体、公众关注的一级属性议程占比

主体	政府垃圾分类政策推广	分类工作进展现状	垃圾分类指南普及	公众反应与心声	号召呼吁践行分类
政府	18%	73%	9%	0%	0%
媒体	8%	77%	15%	0%	0%
公众	2%	86%	0%	9%	3%

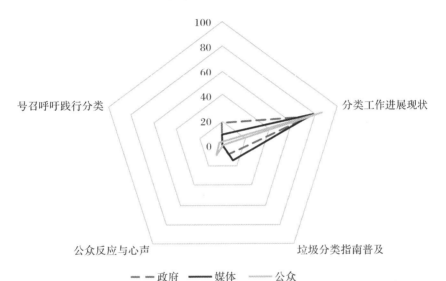

图 5-9　政府、媒体、公众关注的一级属性议程雷达图

由表 5-2 可知,政府、媒体和公众最关注的一级属性议程均为"分类工作进展现状"。政府关注的一级属性议程依次为"分类工作进展现状"(73%)、"政府垃圾分类政策推广"(18%)、"垃圾分类指南普及"(9%)、"公众反应与心声"(0%)、"号召呼吁践行分类"(0%)。媒体关注的一级属性议程依次为"分类工作进展现状"(77%)、"垃圾分类指南普及"(15%)、"政府垃圾分类政策推广"(8%)、"公众反应与心声"(0%)、"号召呼吁践行分类"(0%)。同政府相比,媒体对"垃圾分类指南普及"的关注程度更高,更加注重发挥其引导大众的功能。与政府和媒体显著不同的是,除"分类工作进展现状"外,公众关注度集中在"公众反应与心声"(9%)和"号召呼吁践行分类"(3%)。

由图 5-9 可知,媒体和政府发布的微博内容在一级属性议程雷达图中的形状

较为相似，表明其在一级属性议程层面上的设置有一定程度的相似性。政府以行政命令的形式发布信息，体现其政策意志；媒体则发挥其传播资讯的功能，体现政府政策内容，凸显该政策的重大意义，通过报道传递制定政策的积极信息。因此，二者关注的内容主要集中在"政府垃圾分类政策推广""分类工作进展现状""垃圾分类指南普及"层面，对"公众反应与心声""号召呼吁践行分类"则不关注。公众所关注的最核心内容是"分类工作进展现状"，通过对现行工作的了解、反馈及讨论，进一步推动政策落实。此外，相较于政府和媒体，公众更注重对政策发表自身的观点，质疑政策的合理性，关注政策落实过程中是否存在渎职问题，同时呼吁民众主动践行。

5.4.3　政府-媒体-公众二级属性议程比较

为进一步分析生活垃圾分类政策传播过程中多元主体之间的议程设置关系，对政府、媒体和公众在传播过程中的二级属性议程归总，并对最受关注的八个二级属性议程进行对比，如表5-3、图5-10所示。

表5-3　政府、媒体、公众关注的二级属性议程

二级属性议程	主体		
	政府	媒体	公众
垃圾分类工作通知	14.14%	2.09%	0.00%
垃圾分类工作方案	3.57%	4.06%	0.00%
扩大试点城市通知	0.69%	4.06%	2.07%
垃圾分类工作立法	0.00%	1.49%	0.00%
试点城市情况	42.54%	19.55%	85.56%
社区分类情况	19.12%	39.73%	0.00%
相关设施建设情况	11.65%	18.00%	0.00%
垃圾分类指南	5.63%	14.89%	0.42%
垃圾分类经验	2.68%	0.00%	0.00%
垃圾分类政策讨论	0.00%	0.18%	3.07%
质疑政策落实能力	0.00%	0.00%	5.22%
戏谑式表达	0.00%	0.00%	0.64%
呼吁人们践行分类	0.00%	0.00%	3.02%

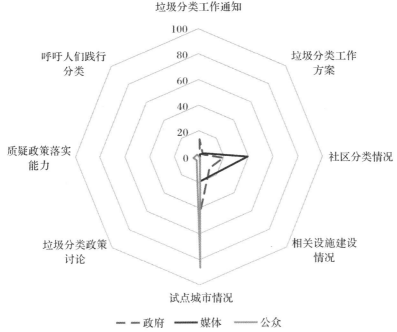

图 5-10　政府、媒体、公众关注的二级属性议程雷达图(前八)

由表 5-3 和图 5-10 可知,在生活垃圾分类政策传播的二级属性议程方面,媒体和政府存在部分偏差,两者的最大关注度指向了相同一级属性议程的不同内容。各级政府注重"试点城市情况",积极向公众通报当前分类工作的现状,媒体则更多将视野转向"社区分类情况",积极报道一线分类工作的现状。此外,政府以政策制定者身份发布了多项"垃圾分类工作通知",媒体则更加关注"相关设施建设情况",向公众通报垃圾分类的前端和后端处理设备的建设程序。除去对"试点城市情况"的积极关注,政府和媒体几乎没有对公众产生影响,呈现出三者互动的"议程断裂"。在政策传播过程中,公众更加注重发出个人的观点和声音,在"质疑政策落实能力"的同时,也在"呼吁人们践行分类"。在整个环境政策传播中,公众议程同政府议程和媒体议程存在关联,也在一定程度上独立。

(1)政策酝酿期多元主体议题偏向对比。将政府、媒体和公众在政策酝酿期、政策试点期和政策扩散期最为关注的四个点进行对比,以便分析在生活垃圾分类政策传播过程中,多元主体议程设置的相关性。为进一步观察三者在不同阶段二级属性议程层面的相关关系,将三者在不同时期所关注的二级属性议程用雷达图表示,从而观察其各自偏向的内容主题。具体如表 5-4 和图 5-11 所示。

表 5 - 4　多元主体在政策酝酿期关注的二级属性议程(前四)

主体	二级属性议程			
政府	试点城市情况 (64.69%)	社区分类情况 (21.33%)	垃圾分类指南 (10.82%)	垃圾分类工作通知 (3.17%)
媒体	试点城市情况 (64.89%)	垃圾分类指南 (32.14%)	垃圾分类工作方案 (2.36%)	垃圾分类政策讨论 (0.60%)
公众	试点城市情况 (83.87%)	呼吁人们践行分类 (11.92%)	垃圾分类指南 (2.49%)	垃圾分类政策讨论 (1.72%)

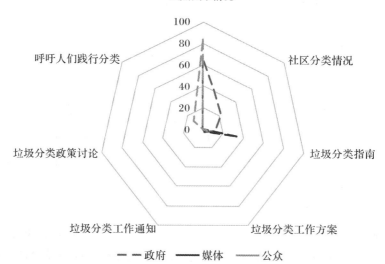

图 5 - 11　政策酝酿期政府、媒体、公众关注的二级属性议程雷达图

在政策酝酿期，政府、媒体和公众关注度最高的点均为"试点城市情况"(64.69%、64.89%、83.87%)。此外，政府关注度由高到低后续为"社区分类情况"(21.33%)、"垃圾分类指南"(10.82%)和"垃圾分类工作通知"(3.17%)；媒体关注度由高到低后续为"垃圾分类指南"(32.14%)、"垃圾分类工作方案"(2.36%)和"垃圾分类政策讨论"(0.60%)；公众关注度由高到低后续为"呼吁人们践行分类"(11.92%)、"垃圾分类指南"(2.49%)、"垃圾分类政策讨论"(1.72%)。

在政策酝酿期，政府、媒体和公众对"试点城市情况"十分关注，这是由于上海市发布了即将强制实施生活垃圾分类政策，三者将注意力共同转向上海市的准备和宣传工作。媒体关注"垃圾分类指南""垃圾分类政策讨论"等方面的内容,一方面促进了政策在公众层面的传播,为垃圾分类做好了较充足的宣传准备工作,另一方面,也为公众讨论政策提供了平台。政府在政策酝酿期公布权威信息,将信息发布焦点放在对"垃圾分类指南"和"社区分类情况"的通报上,以彰显政府作为;政策施行前,公众会对政策产生怀疑,对涉及个人生活、环境保护的内容更容易体现焦虑情绪,因此需要寻求途径进行垃圾分类政策的讨论。

　　在政策酝酿期,媒体和政府表现出较为相近的议程设置偏好。除去部分基层政府通过微博展示社区分类的准备工作,政府和媒体在宣传"垃圾分类工作方案"和"垃圾分类指南"层面存在较强的相关关系。这一时期,公众关注的议题"试点城市情况""垃圾分类指南""垃圾分类政策讨论"三个方面同政府和媒体议程相交,体现了公众议程在政策酝酿期同政府议程、媒体议程具有较强的相关性,具有属性议程设置效果。

　　在环境政策传播中,政策酝酿期是政府发布信息、了解民意,媒体宣传政策、展示民意,公众了解政策、传递意见的重要时期。由于政策内容的有限性,三方仅基于政策本身进行探讨,讨论内容较为有限。因此,多元主体的二级属性议程具有一定程度的相关性。

　　(2)政策试点期多元主体议题偏向对比。多元主体在政策试点期关注的二级属性议题如表 5 - 5 和图 5 - 12 所示。

表 5 - 5　多元主体在政策试点期关注的二级属性议程(前五)

主体	二级属性议程				
政府	相关设施建设情况(49.54%)	社区分类情况(20.97%)	垃圾分类工作方案(15.17%)	垃圾分类经验(11.41%)	扩大试点城市通知(2.92%)
媒体	相关设施建设情况(86.29%)	垃圾分类工作立法(7.16%)	垃圾分类指南(6.56%)	—	—
公众	试点城市情况(86.26%)	质疑政策落实能力(7.97%)	垃圾分类政策讨论(4.26%)	戏谑式表达(1.51%)	—

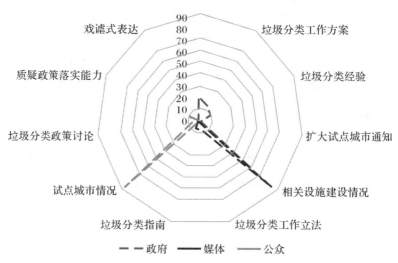

图 5-12 政策试点期政府、媒体、公众关注的二级属性议程雷达图

在政策试点期，多元主体的关注重点有所偏离，政府和媒体将关注焦点放置在"相关设施建设情况"（49.54%、86.29%）层面，而公众则仍旧以"试点城市情况"（86.26%）为关注重点。此外，政府关注度由高到低后续为"社区分类情况"（20.97%）、"垃圾分类工作方案"（15.17%）、"垃圾分类经验"（11.41%）、"扩大试点城市通知"（2.92%）。由于该时期媒体议程内容较少，关注度由高到低仅为"垃圾分类工作立法"（7.16%）和"垃圾分类指南"（6.56%）。公众在该时期关注度由高到低分别为"质疑政策落实能力"（7.97%）、"垃圾分类政策讨论"（4.26%）和"戏谑式表达"（1.51%）。

2019 年 7 月 1 日，上海市正式实施生活垃圾分类，人们对政策关注的焦点也逐渐转移至上海市具体的实施情况，讨论政策的合理性。面对实施过程中存在的问题，一些公众开始质疑政策，甚至通过戏谑式表达的方式提出意见。政府作为政策制定者，将信息发布重点转向垃圾分类的前后端——"相关设施建设情况"，并逐渐提出将政策扩散至全国的通知；媒体作为政策传播者，不仅报道宣传"相关设施建设情况"，还积极传播"垃圾分类政策立法"，促进该政策合法化、规范化。

在政策试点期，政府和媒体在"相关设施建设情况"层面表现出较为相近的议程偏好，具有相关性，但在"垃圾分类工作立法""垃圾分类工作方案""扩大试点城市通知"三个议题上不存在互动关系。这一时期，公众仍然以上海市政策实施现状为探讨重点，随着政策逐渐推进，公众开始对政策实施过程中出现的问题表示担忧,该时期公众议程和政府议程、媒体议程偏差较大。

从政策酝酿期到政策试点期,公众同政府、媒体关注的二级属性议程开始出现议程断裂。政府和媒体在该时期并未重视公众意见、及时回应公众质疑,未能实现良好的舆论引导工作,这是由于在政策实施过程中,我国一些政府部门易忽视公众议程,在信息传播中重视宣传和政绩展示,缺乏倾听舆论层面的内容,暴露出环境政策传播中的舆论偏差问题。

(3)政策扩散期多元主体议题偏向对比,多元主体在政策扩散期关注的二级属性议程如表5-6和图5-13所示。

表5-6 多元主体在政策扩散期关注的二级属性议程(前五)

主体	二级属性议程				
政府	试点城市情况(49.79%)	垃圾分类工作通知(28.30%)	社区分类情况(16.77%)	垃圾分类指南(5.14%)	—
媒体	社区分类情况(79.90%)	垃圾分类工作方案(8.17%)	垃圾分类指南(7.72%)	垃圾分类工作通知(4.21%)	—
公众	试点城市情况(85.52%)	扩大试点城市通知(5.10%)	质疑政策落实能力(4.48%)	呼吁人们践行分类(2.52%)	垃圾分类政策讨论(2.38%)

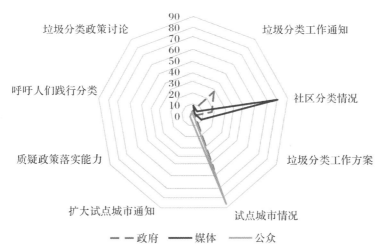

图5-13 政策扩散期政府、媒体、公众关注的二级属性议程雷达图

在政策扩散期，政府和公众最关注的内容为"试点城市情况"（49.79％、85.52％），媒体最关注的内容则为"社区分类情况"（79.90％）。此外，政府关注度由高到低后续为"垃圾分类工作通知"（28.30％）、"社区分类情况"（16.77％）、"垃圾分类指南"（5.14％）。媒体关注度由高到低后续为"垃圾分类工作方案"（8.17％）、"垃圾分类指南"（7.72％）、"垃圾分类工作通知"（4.21％）。公众关注度由高到低后续为"扩大试点城市通知"（5.10％）、"质疑政策落实能力"（4.48％）、"呼吁人们践行分类"（2.52％）和"垃圾分类政策讨论"（2.38％）。

这表明在政策扩散期，政府部门开始关注和呈现扩大试点城市的政策实施情况，对相关城市垃圾分类工作进行经验总结。媒体则将报道视角转向垃圾分类工作的第一线社区，报道分类工作的真实情况。值得一提的是，公众在政策扩散期更加关注"扩大试点城市通知"。这一时期，试点城市扩散至全国，公众的关注范围扩大，伴随着政策扩散，也出现了一些问题。

在政策扩散期，政府和媒体所关注二级属性议程雷达图有所偏离，二者在关注层面出现偏差，在"垃圾分类工作通知""社区分类情况"上存在一定的相似性，但由于政府政策的进一步扩散，全国各级政府微博将信息发布的重点集中在各自城市分类工作的通知及实施现状，而媒体则继续履行其监督职能，密切关注社区垃圾分类工作情况，为政策扩散城市公众普及垃圾分类工作提供方案和指南，和公众议程没有产生关联。这一时期，由于政策扩散至全国，公众开始基于自身经验讨论政策在大范围试点城市的实施情况，公众议程和政府议程在关注层面实现关联。与政策试点期不同的是，公众在讨论和质疑政策内容的同时，也开始呼吁人们参与和践行垃圾分类，这在一定程度上表明了政策传播的有效作用。

■5.5　生活垃圾分类政策的各角色议程相关性

5.5.1　媒体议程内容与政府议程内容的相关性分析

通过运用 SPSS 软件进行皮尔逊相关分析，计算生活垃圾分类政策传播过程中，媒体议程和政府议程在三个时期的皮尔逊相关性，分析结果如表 5－7 所示。

表 5-7　媒体议程与政府议程在生活垃圾分类政策传播三个时期的相关性分析①(Pearson)

主体	相关数据	主体					
		政府 1	政府 2	政府 3	媒体 1	媒体 2	媒体 3
政府 1	皮尔逊相关性	1	−0.102	0.880**	0.892**	−0.134	0.215
	显著性(双尾)	—	0.740	0.000	0.000	0.662	0.481
	个案数	13	13	13	13	13	13
政府 2	皮尔逊相关性	−0.102	1	−0.158	−0.219	0.853**	0.272
	显著性(双尾)	0.740	—	0.607	0.471	0.000	0.369
	个案数	13	13	13	13	13	13
政府 3	皮尔逊相关性	0.880**	−0.158	1	0.739**	−0.168	0.181
	显著性(双尾)	0.000	0.607	—	0.004	0.582	0.554
	个案数	13	13	13	13	13	13
媒体 1	皮尔逊相关性	0.892**	−0.219	0.739**	1	−0.101	−0.099
	显著性(双尾)	0.000	0.471	0.004	—	0.742	0.748
	个案数	13	13	13	13	13	13
媒体 2	皮尔逊相关性	−0.134	0.853**	−0.168	−0.101	1	−0.115
	显著性(双尾)	0.662	0.000	0.582	0.742	—	0.708
	个案数	13	13	13	13	13	13
媒体 3	皮尔逊相关性	0.215	0.272	0.181	−0.099	−0.115	1
	显著性(双尾)	0.481	0.369	0.554	0.748	0.708	—
	个案数	13	13	13	13	13	13

** 在 0.01 级别(双尾),相关性显著。

由表 5-7 可见,在政策酝酿期,政府二级属性议程和媒体二级属性议程具有显著相关性,为 0.892($p<0.01$)。在政策试点期,二者仍具有显著相关性,达到 0.853($p<0.01$)。在政策扩散期,政府二级属性议程和媒体二级属性议程不具有相关性。因此,在生活垃圾分类政策传播的整体过程中,政府议程和媒体议程相关性较高,两者之间具有较为显著的议程效果。

在生活垃圾分类政策传播中,政府扮演着政策制定者的角色,媒体则扮演着议程组织者的角色。在政策酝酿阶段,政府议程和媒体议程的高相关性体现了政府

① 媒体/政府 1 代表政策酝酿期的媒体/政府二级属性议程,媒体/政府 2 代表政策试点期的媒体/政府二级属性议程,媒体/政府 3 代表政策扩散期的媒体/政府二级属性议程,表 5-8、5-9 同理。

往往借助媒体征询公众对于政策的意见，同时，媒体作为政策传声筒，率先将"上海市将强制实行垃圾分类"这一信息传递给公众，有效地提高了政策知晓率，并为政策试点实施提供了缓冲期和政策背景。这一时期，政府和媒体相关微博内容主要为政策公布、政策解读、政策准备和政策动员，由于生活垃圾分类政策的环保合法性，媒体与政府在这一阶段保持一致口径，其传播内容高度相似。

在政策试点期，由于生活垃圾分类政策首次在我国强制实施，公众的关注度和质疑较高，面对来自部分公众的质疑和畏难情绪，政府和媒体采取积极的报道视角，呈现试点阶段政府的工作业绩和社区的分类情况，通过鼓励的话语，动员公众克服困难，积极拥抱绿色生活，为"绿色地球"贡献自身的力量。

在政策扩散期，政府发布了将在46个城市开展生活垃圾分类工作的通知。这一时期，生活垃圾分类工作不再是政府部门的主流工作内容，政务微博对此的关注有所下降，且主要集中在推动其他城市普及政策等方面；媒体方面，除了进一步扩散政府通知，扩大政策注意力，媒体还注重回顾上海市政策实施的现状和问题，反映公众的意见和建议。这一时期，政府和媒体的议程出现了断裂趋势。

5.5.2　媒体议程内容与公众议程内容的相关性分析

通过运用 SPSS 软件进行皮尔逊相关分析，计算生活垃圾分类政策传播过程中，媒体议程和公众议程在三个时期的皮尔逊相关性，分析结果如表 5-8 所示。

表 5-8　媒体议程与公众议程在生活垃圾分类政策传播三个时期的相关性分析(Pearson)

主体	相关数据	主体					
		政府 1	政府 2	政府 3	媒体 1	媒体 2	媒体 3
公众 1	皮尔逊相关性	1	0.983**	0.989**	0.887**	−0.114	−0.123
	显著性(双尾)	—	0.000	0.000	0.000	0.710	0.688
	个案数	13	13	13	13	13	13
公众 2	皮尔逊相关性	0.983**	1	0.996**	0.878**	−0.114	−0.123
	显著性(双尾)	0.000	—	0.000	0.000	0.711	0.688
	个案数	13	13	13	13	13	13
公众 3	皮尔逊相关性	0.989**	0.996**	1	0.879**	−0.115	−0.125
	显著性(双尾)	0.000	0.000	—	0.000	0.708	0.685
	个案数	13	13	13	13	13	13

主体	相关数据	主体					
		政府 1	政府 2	政府 3	媒体 1	媒体 2	媒体 3
媒体 1	皮尔逊相关性	0.887**	0.878**	0.879**	1	−0.101	−0.099
	显著性（双尾）	0.000	0.000	0.000	—	0.742	0.748
	个案数	13	13	13	13	13	13
媒体 2	皮尔逊相关性	−0.114	−0.114	−0.115	−0.101	1	−0.115
	显著性（双尾）	0.710	0.711	0.708	0.742	—	0.708
	个案数	13	13	13	13	13	13
媒体 3	皮尔逊相关性	−0.123	−0.123	−0.125	−0.099	−0.115	1
	显著性（双尾）	0.688	0.688	0.685	0.748	0.708	—
	个案数	13	13	13	13	13	13

** 在 0.01 级别（双尾），相关性显著。

　　由表 5-8 可知，在生活垃圾分类政策传播过程的酝酿期，公众二级属性议程同媒体二级属性议程的相关性较高，为 0.887（$p < 0.01$），表明在这一时期，公众和媒体的关注内容较为相似，两者之间具有较为显著的属性议程设置效果。在政策试点期和政策扩散期，公众和媒体的二级属性议程不存在显著相关性，说明在这两个时期，媒体和公众的关注偏好有所不同，媒体传播的内容没有对公众产生明显的议程设置效果，公众议程也未能影响媒体议程，二者无相关性，处于独立的舆论场域。

　　在生活垃圾分类政策议程建构中，媒体扮演议程组织者的角色，而公众则扮演政策反馈者的角色。新媒体环境中，由于环境政策的公共性和传播渠道进一步拓宽，对于生活垃圾分类政策，公众开始主动设置政策议程，在一定程度上与媒体议程存在差异。在政策酝酿期，由于政策信息的局限性，公众难以对政策产生广泛的意见讨论，仅从媒体获取信息，并进一步扩散信息，因此二者的议程相关性较高。

　　在政策试点期，生活垃圾分类政策在上海市如火如荼地开展，在实施过程中公众发现了政策存在的问题，因此具有了更多的话语内容。媒体在这一时期，其议程内容整体呈现积极的动员姿态，报道了许多政策实施的成果内容，鼓励公众为"绿色地球"贡献自己的力量。政策试点期是公众对该政策议题关注的重点时期，公众发帖量出现井喷式增长，传播内容愈加丰富，对政策的议论和质疑显著提升，同媒体议程偏离。

　　在政策扩散期，公众对于生活垃圾分类政策的关注度经历了由高到低的变化，全国范围的政策扩散引起了全国公众的关注与传播，但由于政策在其他城市并未强制实施，公众对此的注意力随着时间发展而逐渐分散。媒体作为议程组织者，在这一时期，仍积极组织着"政策实施百日"等话题，并对此形成了常规性的议程。二者的关注度和关注内容都呈现出了显著差别。

5.5.3 政府议程内容与公众议程内容的相关性分析

通过运用 SPSS 软件进行皮尔逊相关分析，计算生活垃圾分类政策传播过程中，政府议程和公众议程在三个时期的皮尔逊相关性，分析结果如表 5-9 所示。

表 5-9 政府议程与公众议程在生活垃圾分类政策传播三个时期的相关性分析(Pearson)

主体	相关数据	主体					
		政府 1	政府 2	政府 3	媒体 1	媒体 2	媒体 3
政府 1	皮尔逊相关性	1	-0.102	0.880**	0.925**	0.926**	0.927**
	显著性（双尾）	—	0.740	0.000	0.000	0.000	0.000
	个案数	13	13	13	13	13	13
政府 2	皮尔逊相关性	-0.102	1	-0.158	-0.192	-0.187	-0.186
	显著性（双尾）	0.740	—	0.607	0.529	0.540	0.543
	个案数	13	13	13	13	13	13
政府 3	皮尔逊相关性	0.880**	-0.158	1	0.804**	0.808**	0.809**
	显著性（双尾）	0.000	0.607		0.001	0.001	0.001
	个案数	13	13	13	13	13	13
公众 1	皮尔逊相关性	0.925**	-0.192	0.804**	1	0.983**	0.989**
	显著性（双尾）	0.000	0.529	0.001	—	0.000	0.000
	个案数	13	13	13	13	13	13
公众 2	皮尔逊相关性	0.926**	-0.187	0.808**	0.983**	1	0.996**
	显著性（双尾）	0.000	0.540	0.001	0.000	—	0.000
	个案数	13	13	13	13	13	13
公众 3	皮尔逊相关性	0.927**	-0.186	0.809**	0.989**	0.996**	1
	显著性（双尾）	0.000	0.543	0.001	0.000	0.000	—
	个案数	13	13	13	13	13	13

** 在 0.01 级别（双尾），相关性显著。

由表 5-9 可知，在政策酝酿期和政策扩散期，公众二级属性议程和政府二级属性议程呈现出显著的相关性。其中，在政策酝酿期，公众和政府的二级属性议程的相关性为 0.925($p<0.01$)，相关性高，这一时期，二者关注的内容较为一致，结

合描述性分析结果,由于政策刚提出,政府主要公布即将试点的城市——上海的准备情况,公众则根据相关的信息进行讨论。在政策扩散期,公众和政府的二级属性议程的相关性为 0.809($p<$0.01),相关性较高;在政策试点期,公众二级属性议程和政府二级属性议程不相关,这表明在政策试点期,政府和公众所强调的议程互不相同,出现了差序传播的现象。

在生活垃圾分类政策传播中,由于新媒体平台的交互性,作为政策制定者的政府和政策反馈者的公众能够直接交流,二者就政策信息形成了议程互动。在政策酝酿期,该政策信息尚未形成成熟的政策议程,政府的通知难以直接引发公众的关注,因此,传统的政府→媒体→公众的议程过程成立,政府通过媒体吸引公众对于政策的关注和讨论,为政策试点提供了准备时间,三者议程的相关性较高。

在政策试点期,政府议程同媒体议程高度相关,其传播内容以政策实施的现有成绩为主,而公众议程则在很大程度上呈现相反态度。由于政策实施过程中存在一些问题尚未被政府部门关注,公众对此产生了较大的质疑,因此,二者的议程出现了断裂现象。

在政策扩散期,由于公众对该政策议程进行了较高的关注,因此政府所公布的政策信息能够较容易地跳过媒体进入公众视野,二者议程呈现显著的相关性。结合描述性分析结果,这一时期,除去在“试点城市情况”层面二者相关性较高,在其他层面上,部分公众还发布了质疑政策的相关内容。因此,这一时期,政府和公众存在联系,但并不能表明二者之间具有较强的议程设置效果。政府、媒体与公众议程在政策传播不同阶段的相关性分析如表 5 - 10 所示。

表 5 - 10　政府、媒体与公众议程在政策传播不同阶段的相关性分析

时期	政府议程与媒体议程	媒体议程与公众议程	政府议程与公众议程
政策酝酿期	正相关	正相关	正相关
政策试点期	正相关	不相关	不相关
政策扩散期	不相关	不相关	正相关

本小节通过皮尔逊相关分析方法,验证了研究结论:①在生活垃圾分类政策传播过程中,多元主体共同建构了该环境政策议程;②政府议程和媒体议程在环境政策传播过程的前两个时期具有较强的互动关系,两者在整个传播过程中具有较高的一致性,对彼此有较强的影响力;③公众议程和媒体议程仅在第一个阶段具有相关性,这表明了媒体在传播过程中忽视了公众的关注重点,存在传播断裂的现象,

公众议程和政府议程在第一和第三阶段具有相关性，但由于在第三阶段，除在"试点城市情况"层面二者相关性较高外，在其他层面上部分公众还发布了质疑政策的相关内容，二者的信息内容整体上有所不同。

通过实证研究，对比分析了在生活垃圾分类政策传播中，政府、媒体和公众发布的微博内容的相关关系。通过分析发现，在该环境政策的传播过程中，我国政府和媒体所发布的议题具有较强的相关性，这在一定程度上说明了政府发布的信息对于媒体的报道内容具有引导作用。媒体和公众在环境政策传播初期，具有较强的相关性，这说明媒体最初的信息公布对公众具有议程设置效果，然而在政策试点期和政策扩散期，媒体议程和公众议程不相关，双方不具有议程设置效果。在对该政策进行议题建构的过程中，政府与公众在第一阶段具有较强的议程设置效果。在政策试点期，政府议程与公众议程不相关，这表明在环境政策传播中，存在一定程度的议程断裂。

研究表明，在生活垃圾分类政策传播初期，政府、媒体和公众的信息关注点较为一致，各自扮演了政策制定者、议程组织者和政策反馈者的角色，但随着政策的实施和进一步扩散，掌握话语权的政府和媒体同公众开始存在隔阂，三方舆论场域差别较大。如在政策试点期，政府和媒体强调相关设施建设情况，意在凸显政府在落实分类工作层面的决心，而公众对此关心较少，主要探讨上海市分类工作的现状；政府在该议题的舆论场域中的话语优势未能充分体现，而媒体则主张强调对生活垃圾分类政策的知晓度，未能充分关注公众意见，因此未能成功实现有效的舆论引导，少部分公众甚至还在网络中发表了一些反对和质疑的意见。

第6章

微博空间内生活垃圾分类
政策的话题共振

6.1 话题共振的理论基础与研究溯源

检索现有定义和学者研究发现,共振(Resonance)一词来源于物理学,是在物理学科中出现频率较高的专业术语。《现代汉语词典(第7版)》的解释为:"两个振动频率相同的物体,一个发生振动时,引起另一个物体振动。"

鉴于舆情共振现象与机械共振现象有相同之处,戴建华等人在建立舆情共振模型时总结并参考了机械共振的相关理论,其中包括功能共振、自适应共振以及随机共振等,将共振理论从其他学科引入情报学科。他提出舆情共振现象是由于网民对特定事件关注度和态度值达到最高峰,在系列焦点事件发生后,次生事件相关议题和原生事件相关议题往往被网民结合看待,多元意见碰撞博弈,最终次生舆情热度达到最大值,舆情共振现象由此发生[180]。伴随新媒体时代的到来,焦点事件的发生引起多元主体的关注及参与,政府、媒体、公众三方议程交织、碰撞,同时也伴随着多元意见在新媒体空间,尤其在微博空间交织、碰撞,政府和媒体主动进行议题建构的同时,新媒体赋能助力公众主动设置议程,形成多元议程互动的新局面。从微观角度看,同一焦点事件或系列焦点事件子话题具有共性,在焦点事件进入公众视野后,政府、媒体、公众多元主体积极进行议题建构,多元议题进入议程,议程互动场域中多元意见不断碰撞、博弈,由于网民的"视网膜效应",意见碰撞过程中记忆被唤醒,相似议题被关联、结合看待[181],最终焦点议题在不断关注和重复中逐渐凸显。随着网民关注度和讨论度的不断升高,话题的热度值和网民积聚的情绪强度也不断增强,最终达到话题共振。

6.1.1　理论基础

1.议题建构理论

从焦点事件议题建构主体来看,政府、媒体、公众等多元主体共同形塑其议题属性和社会可见度,促进了事件推进中的风险沟通和秩序重建,此外,焦点事件本身也是议题建构的重要影响因素。学者郭小平结合央视《新闻调查》中的环境报道总结出四种环境议题建构驱动模式。第一种是触发自上而下倒逼机制的事件驱动型议题建构,其中焦点事件既包括基于重大事件或重要节点的常规性报道,又包括生态环境危机事件和突发群体性事件等非常规报道。第二种是媒介驱动型议题建构,通过强化典型报道和新闻曝光来设置环境议题,既符合"政治正确",又在一定程度上反作用于政治。第三种是公众驱动型议题建构,是指公民和各类环保非政府组织,通过公民参与和开展环保运动等方式,影响和推动环境政策改进和实施[182]。不同于事件驱动,公众驱动作为环保运动的巨大生产力,不仅有助于环境事件的快速解决,更让环保理念深入人心,是一种典型的"新社会运动"。第四种则是国家倡导推动新闻生产的政策驱动型议题建构。政府通过赋予议题政治意义,扩大议题知晓度和传播率以实现议题建构目的。基于议题建构驱动模式分类,笔者将展开议题建构推动话题共振的相关演进逻辑分析,阐释多元主体议题建构到议程互动,再到话题共振的演化机理。

2.认同理论

(1)认同理论视域中的多种认同。认同包括自我认同和自我意识的绽放,源自自我社会角色的整合。在认同视域中,首先是美籍德国学者埃里克·埃里克森对于"认同感"的阐释,他认为认同感包含的自我理念在社会互动中不断交叠、提升、成熟,最终演化为社会整体观念的一部分。在厘清居民认同感和社会参与行为交互作用的过程中,学者颜玉凡则对认同理论作出阐释,她认为认同理论作为分析公共生活中公民参与行为的理论工具,通过剖析个体特征和社会特征的勾连模式,进而解释个体行为理念受社会结构演变影响的作用机制。

在认同领域视域中,公民会根据社会实践活动的不同特点将自身认同划分为多种不同的形式,主要包括社会认同理论(又称为群体认同理论)、角色认同理论、个体认同理论,其中的侧重点各不相同。从社会认同理论来看,主要关注公民通过社会归类产生与社会勾连并影响自身行为的现象,在此过程中群体是交互的基础,社会认同通过关注持有共同观念的社会群体的情感、行为变化阐述个人的心路历程和社会变革结合在一起的结果[183]。角色认同理论则是认为公民在社会中承担了不同的社会角色,在此过程中他人评判是形成角色认同的基础,公民在扮演角色的同时,结合他人意见实现对自身观念和自我的重新建构,与此同时对社会观念建构产生影响。可以说社会结构对于个人的自我实现奠定了基础,同时个人的自我实现对社会的演变和进步起着不可或缺的作用。个体认同是"一种熟悉自身的感觉,一种知道个人未来目标的感觉,一种从他信赖的人们中获得所期待的认可的内在自信"。个体认同理论关注社会情感和自我价值两个层面,是对社会结构和个人建构的双向涵盖,是对自我价值实现和社会情感确认的主动建构。由于社会认同理论更侧重个体与社会的交互勾连,同时反映了社会结构中个体的态度转变和意见变革最终达成显著合意,与话题共振中意见博弈最终形成的显著话题具有共性,因此本研究选用社会认同理论作为理论依据,进一步阐述话题共振的演化逻辑。

(2)社会认同理论。社会认同理论来源于心理学,20 世纪 70 年代,英国学者亨利·塔菲尔(Henri Tajfel)和约翰·特纳(John Turner)提出该理论,认为个体通过归属感和自我分类确定所属群体,并认为自身所处群体优于其他群体,在此基础上实现与所属群体情感和价值的高度融合。在此基础上,约翰·特纳又发展出自我归类理论(Self-categorization Theory),亨利·塔菲尔则给了"社会认同"新一层定义,即"个体对于自身所属群体属性和群体性质有清晰认知,并通过对群体其他成员的了解和认定,对群体有更深层次的归属感"[183],这也说明了个体对于认同的群体具有高度的归属感,同一社会认同群体成员多数呈相同观点或价值标准。

从我国语言背景和历史文化视域来看,《辞海》对"认同"进行了全新的阐释和剖析:"认同在社会学中泛指个人与他人有共同的想法。人们在交往过程中为他人的感情和经验所同化,或者自己的感情和经验足以同化他人,彼此之间产生内心的默契。"[184]学者史献芝等基于以上阐释将"认同"引入新闻传播学领域,提出"受众认同",即"媒介传播信息并进行新闻框架建构,其中透露的媒介倾向和观点受到公众认可,公众基于此进行事实判断并产生某种反应",以此证明新闻引导工作中对于受众认同方式及传播渠道的探究具有重要意义[185]。由此可见,认同本身就是一种共识的达成,形成合意的同时伴随着情感和价值的多方碰撞,最终某种意见在群体中得以显著。

(3)社会认同理论与集体行动。从社会心理学角度来看,社会认同经常成为解释集群行动等社会行为的影响因素。从群体这一基础出发,个体意识到自己属于某一群体,并不断增强自身群体归属感,价值追求和群体趋于一致。当所属群体在群际关系处于弱势或遭受不公平待遇时,个体往往采用自发和号召的方式,引发情绪、意见等多方传递,最终出现集群行动。在此过程中,社会认同起到动员的作用,并通过调节(群体)不公变量和(群体)效能变量间接引发集群行动。

3.共振理论

共振理论在多学科领域应用较为广泛,例如医学领域的核磁共振、化学领域的共振能量转移、能源与动力领域的声学共振等。随着研究的进一步发展,共振理论也从本来的机械、物理领域走向人文社会科学领域。在物理学中,共振是指受力物体周期性受驱动力做受迫振动,当施力物体频率与受力物体运动频率相似或接近时,受力物体将达到最大振幅,且此时系统内能量达到极值。学者戴建华等将其引入舆情共振研究,并总结了物理共振三大特点,以构建基于随机共振模型的舆情共振测算模型[180]。共振具有三个显著特点:共振的条件是驱动频率和固有频率相似,过程具有传递性,最终结果往往达到振幅最大化。由于话题共振形成过程与共振现象有多种相似之处,笔者将对话题共振过程和特征进行梳理,并基于随机共振模型对话题共振强度进行测算,探究话题共振产生机理和扩散规律。

6.1.2　研究现状

1.共振原理在各领域的应用研究

共振从最初的物理概念衍生出核磁共振、共振能量转移、声学共振等多种学科概念。目前,关于共振的研究获得了丰硕的成果,研究领域较为广泛。

核磁共振是指原子核发生能级跃迁的现象,该现象在磁场中完成。在医学领域,学者牛司梅观察并探讨利用核磁共振成像诊断脑梗死的临床价值,认为核磁共振成像为无线辐射,不仅检测范围更广、图像质量更高,且不会对患者身体造成负面影响,能帮助医生快速诊断病情并予以有效治疗,可进行推广[186]。作为在蛋白质结构、核酸检测领域应用较为广泛的分析技术,共振能量通过在供体和受体之间发生非辐射能量转移实现检验目的。在化学领域,学者王培培基于发光共振能量转移原理,构建了用于 HNO 检测的比率型上转换荧光纳米探针,其具有较高的灵敏度及良好的稳定性、选择性、生物相容性,有望用于监测各种生理病理过程中HNO 的含量变化[187]。在能源与动力领域,学者张海涛对锅炉风机风道声学共振作用机理进行剖析,给出卡门涡流相关计算方法与声学共振的解决方案,认为当卡门涡流脱离频率、管束间烟气声学驻波频率与烟道固有频率之中两个或三个频率相近时,就会产生强烈的风机风道振动。在计算机科学与技术领域,学者杜年茂等人提出核磁共振成像具有无辐射、对比度高等特点,对缩短 MRI 成像的时间具有很大的临床与经济意义,并提出了一个能够同时学习切片内与切片间冗余关系的深度级联卷积神经网络,用来提高欠采样脑部 MRI 成像质量[188]。

共振原理的长期发展促进其在多学科的演化和应用。此外,共振也作为一个描述运动和应用于生物化工技术的专有名词延伸至人文社会科学领域。共振不仅仅指代受力物体发生振动引发的一系列物理现象,更多被扩展为多元主体沟通、协商、博弈等达到共同利益最大化的过程。在管理学领域,共振理论最初用于环境政策研究。作为公共政策的环境政策往往涉及多元主体,其公正性的达成以及多元利益的博弈和平衡受到学者关注。从宏观角度来说,从架构到共振(From Frames to Resonance Machines)参与者沟通对于构建环境公正图景具有重要意义[189];从微观角度来说,加强公众参与能力则强调了合作、技术等维度在环境公正和社会运动中结合的重要作用[190]。结合以上观点,加州大学戴维斯分校的学者明确提出环境公正的国家共振(The State Resonance of Environmental Justice)概念,从此环境政策的国家共振理论正式被引入政策研究[191]。新中国成立以来,我国公共政策模式不断优化,路径持续转变。伴随着中国政府公共决策模式中多元利益主体能动性的不断提升,各主体在公共平台对国家公共政策进行讨论和博弈,促进合意形成[192]。基于该政策现实,我国学者陈兴发引入国家共振理论,通过对新中国成立以来公共政策内在模式的梳理,以及对国家共振的内涵、现实困境的归纳,提出了基于国家共振的中国政府公共决策模式内在逻辑的优化路径[193]。

共振从物理学科的延伸到管理学科的演化和概念扩展也引发了情报学领域学者的重视。重大突发公共事件的发生往往伴随着不同意见的交融、碰撞和凸显。和物理共振中的共振主体一样,网民将相同类型突发事件联系讨论,且次生事件舆论多受前一事件影响。意见的碰撞、凸显和次生舆情的演化趋势与物理共振演化趋势较为一致,学者戴建华基于随机共振的测算模型建立舆情共振模型,并融入地域、人群、政府干预等调节变量,绘制共振曲线,最终验证原生事件与次生事件发生共振,促进共振这一概念在人文社会科学领域的拓展,并丰富了该领域的共振强度测算方法。

2.关于网络舆情共振的研究

社会变迁带来的媒介赋权促进了多元议程设置的形成,进一步促进了焦点事件中多元意见的交织、凸显和碰撞。多元主体在公共平台的博弈推动了政府回应及利益的平衡,媒体和决策机构等多方力量交错纠缠。在此背景下,舆论场中同类型事件更易产生碰撞,媒体框架中的联想报道、公众受原生事件影响,从而对次生事件产生过激反应等均使舆情事件"系列化呈现"逐渐凸显[194-195]。

舆情系列化呈现的特征是多样的,除联想叠加引发衍生舆情外[195-197],关注度高、影响面广、类似事件屡次发生、涉及知名对象中任意一项或组合要素都是产生次生舆情的重要表现[196-198]。由于在系列化呈现中政府、公众、媒体多元议程互动,且意见、情感交织碰撞,原生事件舆情和次生舆情摩擦、交织,多种特征和波动曲线均与随机共振相似,因此学者将其命名为舆情共振。在舆情共振中,公众多采取运用敏感词和情感动员来进行利益表达的方式,促进焦点议题热度升高。除焦点事件类型、多元主体态度及地域因素等,情感因素也成为引发舆情共振的重要条件,例如在治安性群体事件中,群体事件的发酵和生成需要经历从导火索到控制失效五个阶段,情绪共振在集群事件发展过程中起到了十分关键的作用,集群事件当事人通过和当地居民产生情感共鸣达到集群行动发酵的目的,最终公众情绪达到极值。舆情共振的凸显一方面促进了多元主体互动、政府政务公开和政府回应效率提高,另一方面后真相频现、网络暴力肆虐等乱象也愈演愈烈。为营造有序的公共环境和表达空间,加强舆情把关、舆情共振的溯源、强度测算以及应对举措成为学者进一步研究的焦点。学者连芷萱从衍生舆情方面进行实证分析,提出网络舆情的演变方向和发展趋势受网民态度和情感强度影响,在网民持续关注作用下,舆情事件的兴奋周期延长,衍生舆情由此诞生,为描述衍生舆情的衍生程度和传播规律,采用衍生系数和预测模型对其演化趋势进行可视化,为后续舆情演变研究奠定基础[198]。

当前部分学者也聚焦舆情共振的定量研究,构建模型进行测算,研究案例聚焦于多事件共振现象。有学者对舆情共振进行了分类,指出其分为事件内共振和事件间共振,并基于随机共振理论构建了网络舆情共振模型,通过仿真对影响因素的舆情共振规律进行了分析[199];李艺全以五起高校舆情事件为基础构建了多事件舆情共振模型,分析了产生共振的原因,并据此从事前、事中和事后等方面对高校预防和应对网络舆情共振现象提出了相应的建议[200]。除从宏观角度探究多事件舆情共振外,学者们也开始从微观角度关注不同事件的相似子话题之间的关联。学者梁艳平结合山东疫苗事件和长春疫苗事件总结事件间相似关联话题,并基于随机共振理论构建话题共振模型,探究不同话题共振规律,进一步拓宽了共振在新闻传播学领域的研究思路[181]。

3.共振原理应用的方法

(1)随机共振模型。"随机共振"一词由意大利物理学家罗伯托·本齐(Roberto Benzi)等首先提出,并用于解释第四纪全球气候冰期和暖气候期交替出现的周期性变化。随机共振(Stochastic Resonance,SR)是一类广义的涨落力非线性作用于系统有序性响应的现象。胡茑庆等结合以往研究,指出在随机共振非线性系统中,特定频率的输入噪声可以达到加强微弱信号的作用[201],但起到以上作用需要达到几个条件：①能量激发垒，或者通常说为阈值形态；②弱相干的输入（如周期信号）；③系统固有的或追加到相干输入中的噪声源。

由此可知，随机共振可利用特定频率输入噪声增强弱信号输出，达到突破传统线性弱信号检测方法的局限，检测更低信噪比弱信号的目的。此外，随机共振可用布朗运动来描述，布朗运动则借助朗之万方程进行测算。经典随机共振模型作用条件包括非线性、双稳态和布朗运动。

（2）舆情共振及话题共振仿真模型。从舆情现象及物理共振现象的共同点来看，在舆情共振仿真模型的构建过程中，物理共振的三要素被提出：驱动频率与固有频率相同，共振具有传递性，结果通常是振幅最大化。类比物理共振特征可发现舆情共振与其较为相似，可基于随机共振模型建立舆情共振仿真模型，以对舆情共振现象进行描述。

学者本齐指出非线性朗之万方程描绘了悬浮在液体中的花粉粒子在周围水分子热运动的撞击下进行的无规则运动。同时，意见市场中网民对热点话题的情感和态度引发的舆情话题热度的变化和布朗运动中水分子对花粉粒子运动的作用十分相似，且舆情子话题热度的出现、发酵、上升、平息等趋势和双稳态系统中随机共振曲线较为相符。此外，类比随机共振模型，话题共振中意见具有传递性，且在共振发生时网民情绪、关注度、话题传递规模达到极值，和共振系统中能量达到最大的现象类似。因此，可基于随机共振系统建立话题共振仿真模型。

4.话题共振

话题共振是在议程互动的过程中产生的。热点事件中的诸多要素引起网民关注，在网络上引发热议，大量网民"围观"并参与热点话题讨论，形成议程互动的新局面。随着热点事件的推进，新旧阶段相似议题持续被提及，不断加深网民对历史议题的印象，这也是话题共振爆发的过程。

（1）话题共振与议程互动。从对生活垃圾分类政策出台议题研究来看，学者李丹妮对新浪微博中的"上海垃圾分类"议题文本挖掘进行深入探究，指出网民议题具有多样性的特点，其通过构建微博场域中对"上海垃圾分类"一词讨论的语义网络，发现"北京"一词也出现在高频词汇中，表明此次上海垃圾分类工作的影响不只在上海，还引发了关于其他城市垃圾分类讨论的热度，说明热点事件中不同地区、不同阶段也存在相似的关联话题。

（2）话题共振。以往学者对热点事件微博热议话题进行了分类，有学者根据微博内容类型将其划分为意见相关型、信息相关型、情感相关型、行动相关型。焦点事件发生后，网民纷纷根据持有意见的差异进行多种议题建构。议题随着用户关系网络的传播不断发生交流并产生共鸣，形成态度鲜明的用户群体；随着舆情事件的不断推进，议程互动参与主体逐渐多元，意见博弈更为激烈，焦点话题应运而生。学者梁艳平基于此将突发公共卫生事件子话题归纳为事件进展、群众意见、政府回应、知识普及、事后措施五类，并指出事件进展、群众意见等议题更易受到公众关注，产生话题共振现象，而类似于知识科普类议题，由于传输渠道受阻或注意力争夺失败等原因不能发生话题共振。

5. 文献述评

从已检索的文献来看，已有研究分为以下几部分。

（1）舆情共振特征及动因分析。结合典型热点事件案例，对热点事件系列化呈现、次生舆情、舆情联想叠加等现状进行探究，并从应对对策方面给出建议。

（2）基于随机共振模型的多事件舆情共振模型构建。运用量化研究的方法，寻找同类型多事件间的关联，探究多事件间舆情演变规律。

（3）多事件同类型话题共振研究。从微观角度探究同类事件相似话题的关联，通过计算其话题因素、地域因素、态度值和话题热度，分析同类突发事件中微博话题共振规律。

通过学者的研究可以发现，以往共振研究多聚焦探究多事件间的关联，事件内话题共振研究存在空白。从生活垃圾政策出台事件来看，结合政策周期理论可得出，生活垃圾分类政策从酝酿到发布，再到执行可划分为政策酝酿期、政策试点期、政策扩散期三个阶段。而结合垃圾分类数据文本可发现，公众在以上三个阶段聚焦议题有所重合，存在将不同阶段相似议题联合看待的情况。由此，笔者将以同一事件不同阶段的热点话题为研究对象，探究生活垃圾政策出台事件中三个阶段热点话题的共振规律。

6.2　环境政策焦点事件话题共振机理解析

6.2.1　微博空间内焦点事件触发议题建构

突发的、引人注目的焦点事件对政策议程有重要作用[202]。伯克兰（Birkland）将焦点事件定义为突发且不寻常的、对特定区域及群体有害或能揭示潜在危害且同时被公众和决策者关注的事件。作为一种议程触发机制，焦点事件通过与公众及媒介议程的互动，形成对决策者的舆论压力，促使问题进入政策议程。在新媒体时代，焦点事件的触发和多元议程的建构连接日渐紧密。焦点事件的发生往往引发公众注意并达成公众共识，促进某些议题凸显。在政策议程触发方面，焦点事件能暴露政策问题、激发政策沉淀[203]，尤其在快速发展的网络社会中，新媒体赋能保证了多元利益表达诉求和争取权益的稳固空间，焦点事件的聚焦能力更打破了以往政策议程的"内输入"模式，成为触发议题建构的关键因素。从注意力视角看，焦点事件是否能够进入议程并引发议题建构取决于其对注意力的争夺和吸引能力，学者在以往研究中将其定义为聚焦能力，焦点事件属性是影响聚焦能力的重要因素。

事件属性多指其自身要素，包括范围、事件热度、发生时机和事件类型等。从事件范围和规模来看，焦点事件影响范围越广、发生时间越长，或热度和公众态度值居高不下时更易整合公众注意力，提高该事件聚焦能力。事件多发和叠加则持续吸引公众注意，助长了多元利益主体重复建构议题、要求社会变革的动力。此外，特定时机发生的焦点事件（如西方国家的周期性选举或国内的重要会议召开期间）也在争夺多元议题建构主体注意力方面拥有得天独厚的优势。从事件类型角度看，分类公平、社会法制、环境保护等议题更易凸显，触发议题建构机制[204]。

风险事件的频发宣告人类进入乌尔里希·贝克（Ulrich Beck）所言的"世界风险社会"，"当代中国社会因巨大的社会变迁正步入风险社会，甚至将可能进入高风险社会"[205]。"GDP崇拜"持续冲击着可持续发展理念，在发展与风险、维稳与治理的博弈格局中，环境保护和环境传播逐渐嵌入社会结构，生态环境风险议题从个人困扰衍变发展为公共议题。政府、大众媒体、公众、环保组织的参与驱动着环境政策焦点事件议题的生成和积聚、发展与变迁。

笔者通过探究四种环境政策议题建构驱动模式，阐述多元主体基于环境政策焦点事件议题的复杂互动关系，有助于解释议题建构变迁过程中影响因素作用机理和议题演化逻辑，为话题共振的生成机理提供理论依据。

1. 事件驱动型：自下而上的倒逼机制

从引发议题建构的事件类型来看，重大事件或重要节点的常规性环境议题报道常具有较高的示范性和指导性，具有较强的国家意识形态性和议程设置功能，而生态环境危机事件和突发群体性事件则具有突发性、不可预见性和公共危害性等特点。自然灾害性事件往往因其突发性和危害性对受众造成冲击，更容易作为生态风险影像为大众媒体所呈现，因此媒体能见度更高，此外，非常规环境议题事件往往伴随有组织的市民集聚、信访、申诉甚至暴力打砸等极端群体事件，严重冲击着社会正常生活秩序，进而增加进入大众媒体报道框架的可能性。由于突发性事件激化、外显、放大等特点，更易形成对社会生活秩序的威胁，进而建构政治压力，倒逼相关环境议题生成与演化。

2. 媒介驱动型：基于政治合法性的媒介推动

媒介驱动有两种形式：①报道突出某些事件或活动，使其瞩目；②报道不同类型、数量和种类的新闻议题，更有利于引起人们的注意。媒体是现代社会一种典型的权力机构，凭借社会分工和技术手段获得"话语权"，可以形成强大社会舆论，对其他社会领域中的权力产生干预和影响。在微博空间中，媒体依然享有最权威、最广泛的传播话语权，是议题建构的重要力量。就环境政策焦点事件议题而言，大众媒体对于环保舆论的动员和推动具体表现为两种形式：一是地方媒体对焦点事件的报道和建构引发舆论关注，倒逼中央媒体介入，助推环境风险事件的解决；另一种则为中央媒体直接曝光，并持续跟进热点议题，推进焦点事件进入政策议程。

3. 公众驱动型：基于权利的公民参与和诉求表达

公众驱动侧重公众参与和理性表达，是公众和环保组织基于环境知情权和环保决策权自发介入环境问题解决的行动。环保 NGO 是我国绿色话语空间的重要主体之一。媒介技术的进步和民意表达机制的拓展促进了生态治理和环境保护的发展。一方面，社交媒体平台为公民政治化、生活化、日常化的权利诉求提供了现代性场域，助力了一批环境公民记者表达民间声音，实现集体价值[206]；另一方面，新媒体的公共言说空间和媒介化言说机制为公民参与提供了更多的表达渠道和"社会资本"，公民诉诸社会行动和环保组织联盟实现环保行动介入，与媒体和政府形成密切互动，促进环境公民社会的建构。

总体来说，公众参与引导的环境议题建构驱动注重多元主体的密切互动，是公民与政府非政治性抗争形式下的环境生存权益博弈。环保组织和政府形成"嵌入性协商共生关系"，既受政府管控，又注重沟通合作，起到沟通各方、协商合作的作用，是一种带有中国特色的公民参与实践，对环境政策议题建构起到重要推动作用[207]。

4. 政策驱动型：国家倡导推动环境新闻生产

在我国，政府机构、执政党、国家公权力机构作为体制内的政策主体，注重站在战略高度对环境现状进行把控，从整体利益的角度规划、制定、评估、修订环境保护政策，是具有行政权威的政策制定者。

从生态理念的转变而言，中国的发展战略结合本国国情，经历了"发展是硬道理""可持续发展"等阶段，议题建构倾向也随之发展演变。近年来，媒介受其影响更注重对社会参与的报道，积极进行舆论动员。总体而言，权力不对等形成的政策驱动型环境议题建构格局通过潜在的操控手段一方面保证了环境议题报道的合法性,另一方面也对其内容生产形成控制。

6.2.2　微博空间内焦点事件信息传播议程设置

我国环境政策议程设置的历史沿革中,环境政策具有公共性,其主导方一般为政府部门,经过对生态和发展双重利益的权衡考量,结合污染防治手段和环保举措,再经过政策措施,最终进入环境政策议程设置环节[203]。

从官方政策议程设置角度来说,我国的环境政策议程设置经历了几个阶段,且每个阶段随着重要的官方会议的召开和政策文件的出台均呈现出不同的特点。从1972 年联合国国际环境会议开始,我国便自觉强化环境政策,自觉履行国际环保公约,通过将环境保护举措纳入政策议程来不断强化污染防治力度,促进公民环保意识的提高。学者俞树毅提出了环境政策议程设置的五个时期,分别是环保启蒙期、政策健全期、政策完善期、政策修订期,以及十八大以来以《中华人民共和国环境保护法》修订出台为标志的环境政策议程设置新阶段[208]。

6.2.3　环境政策议程设置触发机制分析

1.环境政策焦点事件属性与环境政策议程设置

焦点事件属性是焦点事件自身的构成要素,包括事件发生的范围、强度、类型、时间节点以及同类事件频发程度等。一般来说,自然灾害类事件具有突发性和较强的公共危害性,也具有较强的媒体、公众聚焦能力,因此在大型突发环境风险事件中示范性报道出现可能性较高,且报道频率和数量更大,这是因为"个体在认识上存在着注意力瓶颈"[209],事件属性匹配的媒体聚焦能力决定了只有特定事件在某个时间节点进入议程,且媒体对不同事件的报道频率和议题数量也有所不同。换言之,事件属性和媒体注意力高低密不可分。

在环境风险频发、许多新兴领域环境政策或立法存在空白的背景下,法律制度或行业规范供给不足的情况时有发生[210]。议程设置作为政府、媒体、公众环境生存权益博弈的渠道不断演进发展,成为政府治理和"公民社会"发展的有力工具,此外,单一的环境议题或事件难以助力微弱的意见呼声进入议程,同类型议题"伴奏"更有助于形成清晰明确、目标一致的社会呼声,将议题代入议程的显著位置[211],因此,同类环境事件或议题的叠加及序列化呈现也可作为事件的自身属性考察。

2.领导高度重视与环境政策议程设置

从西方威权主义理论来看,政策议程的变化和政策制定的根本目的是平衡公众压力与统治集团内部利益。从压力诱导[212]回应到回应型议程设置[213]等多种议程设置引发机制来看,政治性维稳无疑体现着威权主义理论的假设。由于我国治理内容和形式的复杂性,"发展型国家"理论也贯穿其中,国家的自主性和社会的嵌入性对国家治理能力现代化发展甚为关键。

具体到我国政府机关科层运作机制,消弭多方利益分歧达成环境政策议题共识成为重要目的。中央大政方针、行政价值取向、行政机制调整、智库专家建议及公众舆论从不同程度影响其议程设置取向,其中,"高度重视"在现实议程设置实践中突出表现了行政价值取向对于焦点事件进入议程清单的关键作用[214],但从公共环境危机事件发生角度来看,强烈的公众舆论冲击引发的群体性行为可能会对政治安全造成威胁,此时,公众的价值需求远超 GDP 激励等行政价值取向,环境议题会被提上议程。

3.公共舆论与环境政策议程设置

公共政策具有鲜明的"公共性",关系到公众的切身利益,对公众影响最为直接的环境政策更是如此。环境问题焦点事件解决方案要实现其科学性和正当性,关键在于公众的认可与参与,任何一个民主与法治的国家都会在法律上确立公众是参与公共决策的主体[215]。

焦点事件一经爆出,新媒体环境下新的叙事模式和技术赋权背景就促使焦点议题进入议程。起初舆论意见较为分散,议题方向较为模糊。例如在某市的 PX 项目事件中,起初公众讨论话题多为项目实施时间、地点、危害程度,最终聚焦到是否有毒,从而引发最终积聚话题,也就是最终诉求"迁址或者终止项目",并促使政府宣布项目停产或搬迁。正如金登所言,对某一社会问题感兴趣的广大民众可以使该问题强加给政府并被政府内部的官员所接受[216],而政府也不得不在该环境议题上投放更多注意力。

同时,公众维护自身主体地位的关键在于树立民主参与意识,并参与政策议程的设置。在这一过程中,公众需要的不仅仅是在社交媒体上发表意见,还要提出具有建设性的建议。为了实现这一点,公众需要在参与的过程中,通过学习相关领域的专业知识,提升专业和理论水平,实现"以理服人"。在自下向上的政策议程设置过程中,公众承担着反馈者和提供者的角色。由于政府的注意力有限,作为体制外政策议程设置的主体,公众能够发现多样化、亟待解决的环境问题,并通过舆论力量表达诉求,为政府提供丰富的信息,从而实现环境政策的科学化。

　　然而,在具体的政策制定过程中,公众更多地承担着接收者和反馈者的角色。霍夫兰的说服理论研究表明,公众会从感知、态度、劝服三个层面获取信息,当公众了解了有关环境政策的相关知识后,会呈现出不同的态度,在意见市场中进行广泛的讨论,形成较为一致的观点并反馈至政策议程,最终,在行为层面上,公众会表现为认可或拒绝态度。作为体制外议程设置主体,公众对于环境政策的传播和执行影响重大,公众的积极反馈有助于政策制定的科学性,实现公共政策的合法化,还能够帮助政策制定者及时地调整政策内容,更好地监督政策的执行。环境政策议程影响因素分析框架如图 6-1 所示。

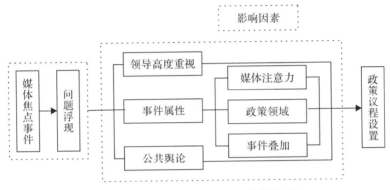

图 6-1　环境政策议程影响因素分析框架

6.2.4　环境政策焦点事件议程互动

　　环境政策传播涵括了整个环境事件的议题发起、议题扩散、政策制定、意见反馈、政策执行的全过程。多元主体在政策议程设置的过程中,开始逐渐交流互动,呈现出多向的议程设置模式,涉及更为复杂的环节和要素。经历多方议程设置,环境议题逐渐明晰且主体诉求更为明确,议程清单逐渐趋于统一。在此过程中,环境事件多元议题频现且同类别舆情衍生较为明显。

　　在政策传播过程中,政策传播模式及其中的关键要素受到学者关注。从伊斯顿的“动态回应模式”到强调媒介为核心的“中外政治模式”,再到强大效果论中的议程设置模式和沉默的螺旋模式,多元主体动态传播过程被更为直观地表述和呈现,公民新闻的出现对传统传播格局的打破进一步推动了政策传播格局的演化。

　　1. 环境政策焦点事件议程互动效果

　　环境政策焦点事件触发的多方议题建构、议程设置,最终将促成政府、媒体、公众、环保组织等多元主体议程互动的局面。从议题生成到积聚,到分散,再到归一，多方诉求从模糊到清晰。从舆情萌芽出现到式微的过程中，议题演变过程和内容较为复杂，其中夹杂着情绪的感染和扩散，这也是环境政策焦点事件议程互动的效果。而结合以往话题共振研究来看，情绪共振和议题演变也正是其表现形式与特征机理的一部分。笔者通过分析议程互动的形成过程和演变效果，建立议程互动与话题共振的内在联系，为话题共振特征和生成机理阐释奠定理论基础。

（1）议程互动中情绪感染与议题凸显。议程互动过程中存在广泛的情绪感染和传递的现象，这也是议程设置环节"情绪设置"的有效前提。新闻生产框架是新闻生产赋予新闻产品价值认知和社会认同的产物，由此也意味着情绪和立场蕴含在新闻生产框架中。这些存在着预设情绪的价值认同和社会认知一旦引发受众认同，就会促使受众基于预设框架对信息进行意义解读，同时也完成了内在情绪的激发、唤起过程。情绪感染和扩散作用在群体中十分显著，也就是说，在媒介生态背景下个体很难独立于群体情绪之外。

从社交网络的同质性来看，在群体生活中往往有相似之处的人更容易在彼此沟通中建立联系。而在社交网络中，情绪链传播效果往往更为显著，以此促成同质性和情感体验相似性生成。从环保组织等意见领袖对公众议题建构的影响来看，其设置议程时的情感强度及意见立场对普通民众的情感状态及情绪演变产生"情绪设置"功能。基于社交网络扩散的意见、看法和态度引导公众立场、情感与影响力较大的意见领袖趋于一致，分散、模糊的议题和态度也逐渐趋于集中，此时各方诉求趋向一致。

（2）议程互动中启动效应与议题扩散。基于较为深入的"阈下情绪启动"（Subliminal Affective Priming）来看，情绪链传播过程中先前出现的材料、认知和观点更容易对之后的意见、价值产生加强和强调作用。在以社交网络为基础的议程互动中，该心理机制的实现模式得到印证。在情绪启动效应的作用下，受众对于接收信息中的情绪和敏感议题具有更强的敏感性和接受度，预设立场中的特定情绪对议程互动另一主体情感倾向性和认知取向产生重要影响。

在"情绪一致性加工"和"情绪一致性理论"视角下，议程互动中信息受众对接收意见的理解和反馈与先前媒介信息发生强烈的效价关联。这种现象和宏观层面"涵化"累积效果不同，更侧重心理认知作用。环境风险议题往往存在较大的公共危害性和冲击力，恐慌情绪渗透其中，带有情绪色彩的信息在议程互动场域中迅速传播，受众基于非独立理性情绪更易受到情绪感染而关注环境议题中的具体危害程度，并提出问题解决诉求部分。

（3）议程互动中情绪与议题的同质共振。基于社会网络的议程互动中的主体关系并非虚拟和抽象的，社交媒体中的用户关系更非如此，情绪演变的路径和动力受用户关系和社会关系影响展现出一定的规律性。"社会比较"框架阐释了议程互动过程中用户通过与"情绪环境"比对调整规范自身意见感受的过程。国外有学者提出，公众基于对周围风险环境的畏惧和对危险的未知引发的对自己观点的不确定性，而与周围环境意见趋同则是适应风险环境、提高安全感的本能表现。对网民来说，环境议题中风险指数、污染程度及对自身危害强度在议程设置初期较为模糊，且在政府管控下，大众媒体和意见领袖处于失声状态，公众意见态度则与情绪环境保持一致，此时进入议程互动场域中的议题较为单一且受重视程度不高。而在环境议题经过议程互动到引发群体极化阶段，公众意见及公共讨论也趋于极端化，群体情绪呈"螺旋上升"，此时公众关注污染指数和提出诉求等并非出于从众心理和群体压力，更多是由于意见态度在议程互动场域中形成了同质共振。议程互动的渠道被无限打通，沟通渠道的畅通也保证了议题所包含的情绪无限放大和凸显，在公共领域中形成"共同体"，以往模糊分散的议题也在"情绪流瀑"中应运而生。

6.3　议程互动背景下话题共振的演化

社交媒体的发展为议程互动提供了多元主体互动场域，焦点事件经多种形式触发后成功进入"议程清单"，在此过程中，互动场域呈现多元意见无规则运动的局面，多种议题或清晰或模糊地进入公众视野，情绪聚集、放大、凸显、会聚，进而形成"舆论漩涡"。意见、议题、情绪在频繁互动中交织联系甚至出现衍生，共振现象由此诞生。

6.3.1　微博空间热点事件话题共振影响因素

由于话题共振中参与主体多元且演化机理复杂多样，各主体之间交叉联系、彼此制约。廖瑞丹从主体、客体影响因素分类方式出发，将网络舆情共振客体影响因素定义为议题、地域、原生事件舆情热度和次生事件舆情热度，而对主体影响因素定义为执法机关因素、网民心理因素和意见领袖因素。焦点事件舆情共振影响因素主要指舆情事件参与主体因素和客体因素：主体因素一般包括政府、媒体、公众、社会组织和企业等，每种用户类型由于其影响力的差别对网络舆情的发展具有不同的推动作用；客体因素包括事件、环境、传播技术三个方面。

笔者从话题本身和用户参与两个方面来分析微博平台中垃圾分类政策子话题共振的影响因素，其中话题本身包括话题、地域因素和一、二阶段话题热度。

6.3.2 微博空间热点事件话题共振过程

微博空间环境政策焦点事件话题共振机理如图 6-2 所示。

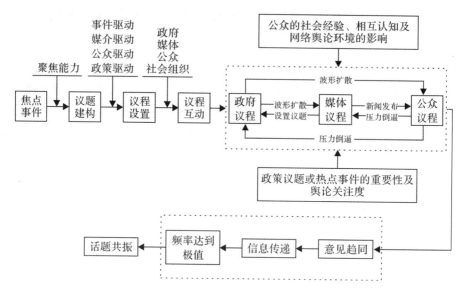

图 6-2 微博空间环境政策焦点事件话题共振机理

1.相同议题催生群体，促进舆情子话题传播

共振的条件是驱动频率与固有频率相似。如果将同一焦点事件中不同子话题类比为振动物体，则话题内容为物体振动频率，持相同意见或对同类话题持关注态度的群体此时对话题热度起到同一频率的驱动力作用，推动舆情子话题热度不断攀升。具体到环境政策焦点事件而言，政府、媒体、公众及原生事件对于不同议题的建构均起到驱动作用，在复杂的舆论环境中，意见如同布朗运动中的粒子呈无规则运动[217]，聚合产生不同类型的子话题，并受到不同程度的关注，催生出持不同意见的舆论群体。伴随子话题热度不断产生的是网民情绪的不断攀升和不同意见的碰撞交织，意见的博弈意味着不同议题的优胜劣汰，传播作为博弈的重要过程在此时应运而生。

2.信息传播推动议题博弈，情绪累积推进热度攀升

物理共振具有传递性，在焦点事件舆情发酵过程中，信息传播过程同样不可或

缺。焦点事件发生后,从议题建构环节开始,多元主体主动进行传播活动,具体的传播活动包括媒体对事件的报道、网民相关讨论及政府为舆情应对进行的回应等舆情调控举措[218],其规模和数量正反映了焦点事件舆情高涨的程度,反映到具体某种议题上则为话题热度,其外在表现包括网络舆情数量的增加和网络舆情空间的扩大等。学者韩玮构建了公共危机事件网络舆情热度形成机理图来反映信息传播对话题热度的攀升及情感累积的作用(见图 6-3),这也是话题共振发生过程中的重要环节。

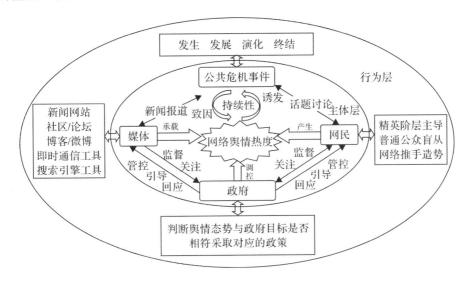

图 6-3　公共危机事件网络舆情热度形成机理图

　　具体到传播过程中,信息流的交互作用则是信息传播效果产生的重要途径。学者韩玮将焦点事件的内源动力类比为"电动势",而"媒体流"和"网民流"的几何均值则代表了交互作用中的信息流,政府的调控作用成为"电路"中的"电阻"。在信息流通过程中,信息交互活动越频繁,信息流几何值越大,则"电路"中产生的热量值越大,舆情热度不断攀升。在此过程中,政府、媒体、公众、意见领袖从议程设置进入到议程互动,思维、认知不断交互,受此影响,关注议题不断凸显,同质情绪强度和话题热度在信息交互、碰撞中不断攀升。公共危机事件网络舆情热度理论模型如图 6-4 所示。

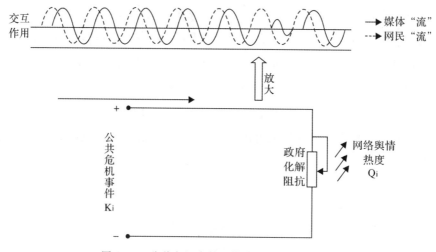

图 6-4　公共危机事件网络舆情热度理论模型

3.话题热度达到极值，最终形成话题共振

物理共振中用振幅这一物理量代表共振强度达到的最大值，当物体振动达到振幅时，其振动范围和规模也达到极值。在焦点事件信息传播到议程互动的过程中，由于其网络舆情热度表示的是该事件在网络上引发的舆情高涨的程度，反映了多方主体，尤其是社会民众在网络上表达或传播对危机事件发生、发展、演变、衰退过程的态度、情绪、观点等，因此可以基本呈现焦点事件传播的规模、范围和强度。对应到焦点事件特定议题中，话题热度达到极值，网民态度值达到最大值，传播范围达到最广，则相关舆情热度也达到"振幅"位置，即可类比物理共振，称之为"话题共振"。

从网络舆情热度角度来看，以往学者在网络舆情热度分析中对评价体系、影响因素及演化特征方面开展研究。袁国平等人通过对网络舆情发展的机理进行分析，构建了系统因果关系图以及系统动力学模型，基于模型仿真结果分析了事件公共度、事件敏感度、网民质疑度、政府公信力对网络舆情热度的影响[217]；杨雄引入网民、媒体、政府三个因素，基于因果回路建立了舆情热度综合演化模型，通过仿真实验验证了该模型能够较真实反映网络舆情热度的演化规律[218]；曹学艳等人以事件爆发度、网民作用度、网媒关注度和政府关注度四个维度构建突发事件网络舆情热度的评价指标体系，并实现量化计算，发现应对等级和舆情热度存在"一致"和"不一致"的对应关系[219]。可见多元主体议程互动是焦点事件传播范围扩大及网络舆情热度攀升的重要途径。韩玮构建了公共危机事件网络舆情热度测算指标体系，基于此可对话题共振机理特征做出描述，如表 6-1 所示。

表 6 - 1　公共危机事件网络舆情热度测算指标体系

具体指标		指标含义
事件作用量	事件危害程度	事件给社会稳定、经济发展造成的损失程度
	事件敏感程度	网民对事件的关注程度
网民作用量	网民情绪强度	网民对事件产生的情绪激化程度
	网民参与水平	网民通过媒体传播平台发布和传播信息的频率
媒体作用量	媒体使用频率	媒体的知名度以及网民对媒体的信赖度
	媒体报道力度	媒体发布信息的频率
政府作用量	政府公信度	民众对政府处理措施的认同度和满意度
	政府处置力度	政府应对危机事件与网络舆情的处置力度
持续时间	持续时间	事件由发生至平息所持续的时长

从网民作用量来看,网民作为议程设置多元主体的重要组成部分,通过媒体平台持续就某议题进行信息传播和发布,在话题共振前期对于特定议题关注程度、参与水平达到峰值,同时伴随着对情绪激化,严重者或付诸行动,具体体现为集会、抗议等群体极化行为[220]。从媒体作用量来看,议程互动中频繁的交互作用促使媒体使用频率和报道力度不断加强,由于媒体框架等内源性因素和公众反馈等外源性因素的影响[221],媒体的属性议程不断向特定议题侧重、偏移,话题共振蓄势待发。同时政府的作用量、处置效果及回应能力对话题共振的产生起着至关重要的作用,民众对政府处理措施的认同度及满意度和同质负向情绪的产生成反比[217]。

6.4　生活垃圾分类政策话题共振模型的建构

从已有研究来看,学者对于事件间话题共振现象已展开定量研究并取得一定成果,但对于事件内话题共振规律的研究还较少。因此,笔者以用户类型、地域、话题等因素对于话题共振的影响为切入点,通过引入机械共振理论并结合话题共振机理建构话题共振模型。

6.4.1　微博话题共振与物理共振的相似点

伴随着情报学、新闻传播学对随机共振模型的引入,其逐渐在社会科学领域得到广泛运用。物理共振是指受力物体在驱动力作用下做受迫运动,当施力物体频率和受力物体频率相似或接近时,受力物体振幅达到最大,此时系统内能量达到极值。共振原理如图 6 - 5 所示。

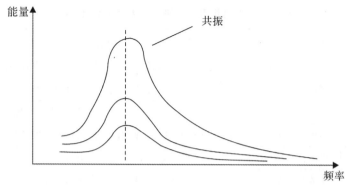

图 6 - 5　共振原理

　　话题共振要素和表现形式与物理共振极为类似，物理共振的表现形式主要为以下三种：一是物体在力的作用下做受迫运动；二是施力物体的频率和受力物体的频率相似或相近；三是在力的作用下，受力物体的振幅达到最大值。

　　1.引发共振的要素是施力物体和受力物体频率相似

　　焦点事件引发的网民态度、意见往往具有相似或关联特征，学者将其命名为"自相似性"。对于同一焦点事件中的某一特定议题来说，事件发展的不同阶段皆被高频建构，话题热度居高不下，且网民在后续类似议程设置中往往把同类型话题结合、关联看待，引发新一轮话题热度高潮，由此发生话题共振现象。与物理共振条件相似的是，话题共振发生的必要因素之一即为对于特定议题，网民前后意见相似或关注话题类型趋同。

　　2.共振具有传递性

　　物理共振具有传递性，而微博话题共振的发生也依托政府、媒体、公众等用户的信息传播得以实现。焦点事件发生后，政府、媒体、公众、社会组织等微博用户纷纷积极进行议程设置，议题建构活动较为频繁。随着焦点事件发展进程的推进，事件信息通过微博等社交媒体扩散，并集合线上线下联动，实现网民对不同事件或同一事件不同阶段中相似议题的联想结合，最终达到话题热度及情绪强度的最大值，传递性对话题共振起到十分关键的作用。

　　3.共振的结果通常是实现振幅最大值

　　振幅是描述物体振动强度和振动范围达到最大值的物理量，物理共振振幅达到最大时，单个物体震动强度更大，破坏性也更强。从传播范围来看，焦点事件发生话题共振的条件往往是话题热度较高，传播地域及参与议程设置的微博用户范围较广；从强度来看，焦点事件演变历程出现话题共振现象时，更大规模的网民参与到议题建构中,事件关注度不断提高,态度值等达到峰值,情绪强度达到极值。

6.4.2　随机共振模型原理及应用

在应对事故影响因素和失效原因的检测模型中,功能共振网络图应用较为广泛,它采用了功能共振模型。但是对于微博话题共振现象而言,议程设置及议题建构涉及要素和传播范围较广,影响因素较为复杂,焦点事件话题共振及发展趋势可视化借助网络图实现较为困难。从自适应共振模型来看,通过机器学习的方式可对神经元进行刺激,实现快速决策,理论上采集近年来焦点事件及衍生舆情即完成话题共振模型建构及测算操作。但数据采集及处理操作难度较大,不适用于此研究。

从话题共振研究本质特征和操作可行性来看,随机共振模型更适合作为研究该现象的参考模型。

1. 双稳态系统

焦点事件话题热度的变化趋势为发酵→上升→高潮→消退,与双稳态系统中两个势阱和一个势垒的曲线模式表现形式较为相似[223]。双稳态系统如图 6-6 所示。

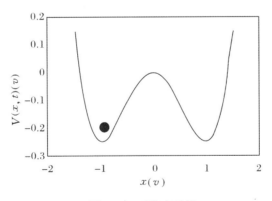

图 6-6　双稳态系统

2. 非线性系统

电子媒介是中枢神经系统的延伸,非线性是其自身的显著属性[224]。从焦点事件信息传播内容来看,其内容结构是非线性的。在议程设置及议题建构过程中,议题内容和网民意见实时更新,内容跨度较大,不受线性结构制约;从焦点事件信息传播角度来看,其传播路径也并非线性,传播对象数量庞大且存在反向回传到起点的现象[225]。

3.布朗运动

学者本齐指出,花粉粒子悬浮在液体中,在水分子撞击作用下做无规则运动,这种现象可以用非线性朗之万方程来表示。梁艳平等人类比花粉粒子无规则运动,指出公众对焦点事件的关注引发的特定议题热度变化和水分子对花粉粒子运动状态的改变极为类似,并在对同类突发公共卫生事件子话题共振探究的过程中指出,网络舆情事件中通常包含了不同类型的舆情话题,在进行议题建构的过程中公众往往具有主观能动性,在特定议题方面聚焦并形成某一特定群体,进一步促进该类话题热度的升高,加速这一现象和舆情事件的阶段性变化[181]。此外,舆情子话题与舆情事件同样具有酝酿、暴发与平息等阶段,与布朗粒子的运动具有相似之处。

6.4.3 微博空间垃圾分类政策话题共振模型建构

本齐等学者指出,古气象可以用冰川期和暖气候期两个时期进行区分,随机共振原则用来解释两个时期交替变化的现象。在物理学相关研究中,双稳态非线性随机共振系统是一种经典的随机共振系统,一般用法国物理学家朗之万提出的非线性朗之万方程描述,式(6-1)是非线性朗之万方程的一般形式:

$$\frac{dx}{dt} = -\frac{du}{dt} + s(t) + n(t) \qquad (6-1)$$

其中,x 为系统输出,即粒子的运动轨迹,t 为时间,式(6-2)中的 $U(x)$ 指双稳态系统中的一般式函数,$s(t)$ 表示输入信号,$n(t)$ 表示噪声。当输入信号是正弦周期信号,噪声是高斯白噪声时,式(6-1)可以表示为式(6-3):

$$U(x) = -\frac{a}{2}x^2 + \frac{b}{4}x^4 \qquad (6-2)$$

$$\frac{dx}{dt} = ax - bx^3 + A\cos(2\pi f_0 t) + \Gamma(t) \qquad (6-3)$$

其中,A 表示正弦信号的振幅,f_0 表示正弦信号的频率,$\Gamma(t)$ 表示强度为 D 的高斯白噪声。

梁艳平在对同类突发公共卫生事件子话题共振探究的过程中指出,焦点事件发酵之初包含不同类型的子话题,于公众而言,其对不同类型的子话题持有不同的意见并保持不同程度的关注。随着时间的推移和话题的演变发展,不同子话题的关注度和话题强度发生变化,具有类似于舆情事件的阶段性变化。此外,从舆情子话题受公众关注引发的话题热度现象和话题热度随时间变化的发展趋势来看,话题共振可以类比随机共振模型进行测算。参考该话题共振模型建构生活垃圾分类

事件子话题的随机共振模型,如式(6-4)所示:

$$\dot{x} = ix - rx^3 + s_1\cos(2\pi pt) + s_2 \qquad (6-4)$$

其中,$\dot{x}$ 在物理共振模型中描述粒子的运动轨迹,在生活垃圾分类焦点事件中则代表话题热度。i、r 分别代表该焦点事件的话题因素和地域因素,在曲线中决定函数的势阱和势垒;p 代表特定话题的态度值;t 表示话题产生的时间;s_1、s_2 分别表示话题在其所属事件中的相对热度。

6.4.4　模型因子计算方法

1.话题建模聚类

k 近邻法是一种基础的机器学习方法,在研究中用于进行垃圾分类焦点事件话题分类。利用 k-means 对获取数据进行聚类分析,并运用层次聚类法对聚类结果进行验证。

(1)数据集成获取与预处理:包括数据预处理及清洗两个步骤,主要任务是对依托清博大数据平台爬取的文本数据进行清洗,结合研究内容,只保留生活垃圾分类两阶段中转发、评论、点赞数量不全为 0 的微博文本数据。

(2)文本数据转化及数据建模:设定停用词及自定义关键词并进行词向量转化,实现生活垃圾分类政策相关微博话题聚类。

(3)层次聚类:根据相似度从高低排列并重新连接各相似节点,根据实际需求横切树状图,以此得出社区结构。

2.话题因素和地域因素

某一话题的话题因素和地域因素计算方式如式(6-5)和(6-6)所示:

$$i_k = \frac{t_{kq}}{\sum\limits_{k=1}^{n} tkq} \qquad (6-5)$$

$$r_k = \frac{t_{kq}}{\sum\limits_{q=1}^{m} t_{kq}} \qquad (6-6)$$

i_k、r_k 分别表示话题 k 的话题因素和地域因素,t_{kq} 是根据地域划分出的不同话题在某一地区的微博爬取数量。由于地理位置引起的公众舆情关注度和心理相关度的不同,不同地域网民对特定议题的态度值和反应强度也不同,因此地域因素和议题因素等数值也存在很大差异。

3.态度值

结合新浪微博认证用户分类标准,笔者将微博用户类型分为个人用户、媒体用户、政务微博、社会组织四种。由于不同类型用户的影响力不同,因此对话题共振的作用也不同。标准差能反映一个数据集的离散程度[284],为测度不同用户类型对话题热度的影响,笔者采用标准差测算用户类别在态度值计算中的权重。

(1)对于第 i 种用户类型的微博,首先对每条微博 j 的转发数、评论数、点赞数求行为和 b_{ij},以极值法对每条微博的行为和进行标准化,记为 s_{ij}。

(2)对第 i 种用户类型下的微博,计算所有微博的均值 $\bar{s_i}$ 和标准差 σ_i。

$$\bar{s_i} = \frac{1}{n} \sum_{j=1}^{n} s_{ij} \qquad (6-7)$$

$$\sigma_i = \sqrt{\frac{\sum_{j=1}^{n} (s_{ij} - \bar{s_j})^2}{n-1}} \qquad (6-8)$$

(3)利用标准差计算每类微博用户权重 u_i 的公式为(6-9):

$$u_i = \frac{\sigma_i}{\sum_{i=1}^{m} \sigma_i} \qquad (6-9)$$

以清博大数据平台情感分值为依据确定情感强度,使所得数据更为科学和规范。基于微博用户类别权重等数值,某一话题用户态度值可用式(6-10)计算得出:

$$p = \sum_{i=1}^{m} p_i u_i \qquad (6-10)$$

4.话题热度

话题热度受议题类型等因素影响,不同类型的议题热度表现也会有所区别。为控制话题类别变量,使研究更为准确,本研究采用话题相对热度这一数值进行话题共振模型因子测算。

目前关于话题热度的度量主要以对应话题的微博数、转发数、评论数、点赞数等定量指标为主。本书采用式(6-11)作为话题热度的计算方式:

$$H_k = \frac{b_k(\bar{r} + \bar{c} + \bar{p})}{\sum_{k=1}^{n} b_k(\bar{r} + \bar{c} + \bar{p})} \qquad (6-11)$$

其中,H_k 表示第 k 个话题的相对热度;b_k 表示微博语料中与话题 k 相关的微博数;$\bar{r}$、$\bar{c}$、$\bar{p}$ 分别表示相关微博的转发数、评论数、点赞数的平均值。

6.4.5　数据采集与处理

本章研究数据采集来源为清博大数据平台,以 2019 年全年生活垃圾分类博文及全部数据为研究样本,抓取了清博大数据平台上 2019 年 1 月 31 日至 2019 年 12 月 31 日数据 615423 条,抓取字段包括微博原文、微博来源、情感分值、关键词、用户类型、发博地域、提及地域等,并通过数据筛选和人工识别进行数据清洗,清除无效数据。

将政策传播分为三个周期,分别是政策酝酿期、政策试点期和政策扩散期。以上海市出台《上海市生活垃圾管理条例》为标志,2019 年 1 月 31 日至 2019 年 6 月 30 日可视为生活垃圾分类政策酝酿期;2019 年 7 月 1 日至 2019 年 8 月 31 日垃圾分类政策在上海试行则标志着政策试点期的到来;2019 年 9 月 1 日后生活垃圾分类政策向全国多个城市扩散,垃圾分类政策进入政策扩散期。本研究以垃圾分类政策进入试点期为分界点,将 2019 年 7 月 1 日前视为该焦点事件的第一阶段,2019 年 7 月 1 日后政策落地到扩散可视为第二阶段,并通过模型因子构建和仿真分析判断前后阶段共振规律。

6.5　生活垃圾分类政策话题共振结果分析

6.5.1　话题建模与分类

有学者从自然灾害中地震灾害的角度出发,收集博文数据并将其类别划分为信息、情感、行为、话题相关型。随着焦点事件的不断推进,多元主体建构活动不断丰富,事件要素逐渐展露,话题博弈更为激烈,公众情绪及态度值也随之不断强化。

由于环境政策具有公共性,因此在我国一般以政府为主体进行政策的制定和发布。政策传播一方面借助大众媒体一类的“传声筒”进行扩散并收集公众反馈,另一方面也通过发布会、听证会或政务新媒体主动促进公众对于政策的知悉。媒体则以政府为官方信源,依托政策议程进行媒体议程设置,一方面尽到了政策传播义务,另一方面主动收集公众反馈实现对政策执行的监督。新媒体时代的到来更实现了技术赋权,传统的政策传播格局被打破,公众主动聚焦议题进行议程设置,构建了政策传播的新格局。

结合议程设置理论对一级属性的定义和生活垃圾分类原始数据,笔者将生活垃圾分类政策焦点议题分为以下五种:政府垃圾分类政策推广、分类工作进展现状、垃圾分类指南普及、公众反应与心声、号召呼吁践行分类,见表 6-2。

表 6 - 2　话题类型及详情

话题类型	话题详情
政府垃圾分类政策推广	垃圾分类工作通知、垃圾分类工作方案、扩大试点城市通知、垃圾分类工作立法
垃圾分类指南普及	垃圾分类指南、垃圾分类经验
号召呼吁践行分类	呼吁人们践行分类
分类工作进展现状	试点城市情况、社区分类情况、相关设施建设情况
公众反应与心声	垃圾分类政策讨论、质疑政策落实能力、戏谑式表达

6.5.2　参数计算

1. 话题因素及地域因素计算

2019 年 1—12 月不同话题类型的热门微博分布情况如表 6 - 3 所示。

表 6 - 3　2019 年 1—12 月不同话题类型的热门微博分布情况

地域	话题类型					
	话题一	话题二	话题三	话题四	话题五	合计
华北	3878	987	1896	712	860	8333
东北	825	225	498	113	181	1842
华东	10862	2987	3500	1654	9750	28753
中南	4348	485	1586	497	690	7606
西南	3025	284	934	355	321	4919
西北	1129	350	231	2435	209	4354
特别行政区	236	57	189	32	119	633
海外	313	68	106	145	233	865
合计	24616	5443	8940	5943	12363	57305

对检索结果的数据进行归一化得到话题因素和地域因素，见表 6 - 4、表 6 - 5。其中，每个单元格中，表 6 - 4 表示同一地域不同话题的影响力，表 6 - 5 代表同一话题类型在不同地区的影响力。

表 6 - 4　话题因素分布

地域	话题类型				
	话题一	话题二	话题三	话题四	话题五
华北	0.47	0.12	0.23	0.09	0.10
东北	0.45	0.12	0.27	0.06	0.10
华东	0.38	0.10	0.12	0.06	0.40
中南	0.57	0.06	0.21	0.07	0.09
西南	0.61	0.06	0.20	0.07	0.07
西北	0.26	0.08	0.05	0.56	0.05
特别行政区	0.37	0.09	0.30	0.05	0.19
海外	0.36	0.08	0.12	0.17	0.27

表 6 - 5　地域因素分布

地域	话题类型				
	话题一	话题二	话题三	话题四	话题五
华北	0.16	0.18	0.21	0.12	0.07
东北	0.03	0.04	0.06	0.02	0.01
华东	0.44	0.55	0.39	0.28	0.79
中南	0.18	0.09	0.21	0.08	0.05
西南	0.12	0.05	0.18	0.06	0.02
西北	0.05	0.06	0.03	0.41	0.02
特别行政区	0.01	0.01	0.02	0.01	0.01
海外	0.01	0.01	0.01	0.02	0.02

2. 微博用户话题态度值

计算微博用户群体的态度值,基于不同话题下的用户情感值加权求和,结果如表 6 - 6 所示。

表 6 - 6　微博用户话题态度值

话题类型	态度值
话题一	0.49
话题二	0.52
话题三	0.52
话题四	0.57
话题五	0.58

3.话题热度计算

对话题热度进行计算，得出不同阶段中话题的相对热度，如表 6 - 7 所示。

表 6 - 7　两阶段中的话题热度

话题	第一阶段 s_1	第二阶段 s_2
话题一	0.19	0.70
话题二	0.08	0.03
话题三	0.02	0.10
话题四	0.64	0.01
话题五	0.08	0.17

6.5.3　话题共振结果

1.政府垃圾分类政策推广型话题共振

政府垃圾分类政策推广型话题是政府发布权威信息、宣传推广，媒体传递信息、体现政策意志，以及普通用户反馈政策意见时建构的主要内容。表 6 - 8 给出政府垃圾分类政策推广型话题相关微博的随机共振模型参数，代入微博舆情话题随机共振模型，使用 MATLAB 仿真工具进行适当变换并仿真的结果显示，该议题在第一、二阶段共振强度较弱，并未产生显著的共振曲线。

表 6 - 8　政府垃圾分类政策推广型话题共振模型参数

话题因素	地域因素	态度值	第一阶段话题热度	第二阶段话题热度
0.01	0.06	0.50	0.71	0.09

政府垃圾分类政策推广型话题主要包括垃圾分类工作通知、垃圾分类工作方案等。根据 2019 年生活垃圾分类数据,可得出基于该议题主动进行议程设置的用户类型为政府和媒体的结论。政府以行政命令的形式发布政策信息,体现其政策意志,而媒体则发挥其传播资讯的功能,传播政府政策内容,凸显该政策的重大意义,通过报道传递制定政策的积极信息,此类议程设置活动在政策酝酿期和政策试点期尤为明显,可见"政府垃圾分类政策推广"议题建构是第一阶段(政策酝酿期+政策试点期)的显著特征。而微博来源为普通用户(即公众)的数据则表明该群体对垃圾分类政策兴趣不大,一方面,公众在政策酝酿期并未对官方文件、通知等政府政策信息议题加以重视,另一方面,公众在政策试点期及政策落地后关注议题在于政策落地实施情况及以吐槽、戏谑形式居多的意见反馈,"政府垃圾分类政策推广"议题进一步沉寂。从第二阶段来看,政府、媒体更加关注政策扩散期政策落地实施情况,"政府垃圾分类政策推广"话题几乎止步于第一阶段。尽管前期政府、媒体、公众均对垃圾分类政策推广有所讨论,且第二阶段政府、媒体建构议题趋向对垃圾分类立法,公众逐渐主动进行垃圾分类政策宣传,但该议题在第一、二阶段共振强度较弱,并未产生显著的共振曲线。

2. 垃圾分类指南普及型话题共振

垃圾分类指南普及型话题主要包括垃圾分类指南和垃圾分类经验。该议题在第一、二阶段共振强度较弱,并未产生显著的共振曲线。

从 2019 年全年数据来看,垃圾分类指南普及型话题建构主体主要为政府和媒体。垃圾分类指南在政府议程中占很大一部分,这是因为政府在政策酝酿期公布权威信息,将信息发布焦点放在"垃圾分类指南"上,以彰显政府作为。同时在政策扩散中,回应公众质疑,通过对垃圾分类方法和标准的普及促进垃圾分类贯彻落实。而作为"中间人"的媒体,要在环境政策传播过程中为政府和公众建设交流反馈平台,既需要依赖政府这一权威可靠信源,又需要建构公众对政策的认识,引导公众培养分类习惯,分类指南类话题建构必不可少。然而在这两个阶段中,除了政策酝酿期中极少数公众对该议题较为重视,之后公众注意力则被垃圾分类工作进展情况及戏谑、吐槽类言论吸引,政府、媒体同公众话语之间出现一定程度的断裂现象,垃圾分类指南普及型话题逐渐沉寂。

具体到垃圾分类政策前两阶段,在第一阶段中,上海市发布了即将强制实施的生活垃圾分类政策,多元主体将注意力共同转向上海市的准备和宣传工作。政府公布权威信息,将部分信息发布焦点放在"垃圾分类指南"上以促进对垃圾分类知识的普及。媒体关注"垃圾分类指南"等方面内容,一方面促进了政策在公众层面的传播,为垃圾分类做了较充足的宣传准备工作;另一方面,也为公众讨论政策提供了平台。在政策酝酿期的政策实施前,公众会对政策产生怀疑,对涉及个人生活、环境保护的内容更容易体现焦虑情绪，因此需要寻求途径进行垃圾分类政策的讨论，并通过垃圾分类口诀、垃圾分类普及表情包等形式对政策内容进行解构，体现对垃圾分类指南议题的关注。在政策试点期，多元主体的关注重点有所偏离，政府和媒体将关注焦点放置在相关设施建设层面，而公众则仍旧以试点城市情况为关注重点，垃圾分类指南普及型话题在第一阶段的后半段产生趋于沉寂的趋势。

在第二阶段，由于政府政策的进一步扩散，全国各级政府微博将信息发布的重点集中在各自城市分类工作的通知及实施现状上，而媒体则继续为公众普及垃圾分类工作的方案和指南。如针对生活垃圾分类政策，澎湃新闻开辟了几大专题，从养成习惯、中外政策对比、分类经验分享、答疑分类问题等方面高密度宣传该政策。尽管媒体议程中仍有大量议题，此时公众议程则聚焦于垃圾分类进展和各城市落实情况，垃圾分类指南内容并未对公众议程产生较大影响，该类议题在第一、二阶段并未产生共振。垃圾分类指南普及型话题共振模型参数如表6-9所示，垃圾分类指南普及型话题共振曲线如图6-7所示。

表6-9　垃圾分类指南普及型话题共振模型参数

话题因素	地域因素	态度值	第一阶段话题热度	第二阶段话题热度
0.02	0.04	0.49	0.02	0.72

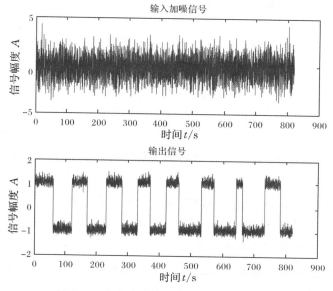

图6-7　垃圾分类指南普及型话题共振曲线

3.号召呼吁践行分类型话题共振

号召呼吁践行分类型话题的内容主要是指呼吁人们践行分类,该议题建构主体为公众且于第一、二阶段皆有表现,并在第二阶段表现出增强的趋势,共振曲线较为显著。

政府和媒体对于该议题直接建构的内容较少,但前期政策解读和扩大政策知晓率及后期对公众质疑的解答和垃圾分类工作进展促进了公众对垃圾分类践行意义的了解和对工作进展的信心,号召呼吁践行分类的主动性和积极性不断加强。

在垃圾分类第一阶段,即政策酝酿期,政府借助媒体对政策性议题加以扩散,媒体作为政策传声筒,率先将"上海市将强制实行垃圾分类"这一信息传递给公众,有效地提高了政策知晓率,并为政策试点实施提供了缓冲期和政策背景。此时尽管公众对该政策关注度不高,但是部分公众仍认为该政策虽然短期内实现较为麻烦,但对环境保护和可持续发展具有重要意义,并主动呼吁人们践行垃圾分类。在政策试点期,由于生活垃圾分类政策首次在我国强制实施,公众的关注度和质疑度较高,面对来自部分公众的质疑和畏难情绪,政府和媒体采取积极的报道视角,呈现试点阶段政府的工作业绩和社区的分类情况,通过鼓励以及环保的话语动员公众克服困难,积极拥抱绿色生活,为"绿色地球"贡献自身的力量。在此阶段环保组织等大 V 也为践行垃圾分类积极进行议程设置,大 V 及其设置的网络流行话语成为公众主动接受并践行政策的重要推动力。

在第二阶段,政府发布了将在 46 个城市开展生活垃圾分类工作的通知。这一时期,生活垃圾分类工作不再是政府部门的主流工作内容,政务微博对此的关注有所下降,且主要集中在推动其他城市普及政策等方面。在媒体方面,除了进一步扩散政府通知、扩大政策注意力,媒体还注重回顾上海市政策实施的现状和问题,反映公众的意见建议。政府、媒体议程虽未直接对号召呼吁践行分类议题进行建构,但垃圾分类政策开展城市范围的扩大、媒体对上海市垃圾分类政策实施现状的反映及政策落实进展的工作实现了良好的政策传播效果,公众议程中反映出公众虽对当前垃圾分类政策进展问题存在不满,但仍对该政策贯彻推广充满信心,在肯定其实施意义的同时,进行号召呼吁践行分类等议题的建构,表明该议题在第一、二阶段实现共振。号召呼吁践行分类型话题共振模型参数如表6-10 所示。

表 6 - 10　号召呼吁践行分类型话题共振模型参数

话题因素	地域因素	态度值	第一阶段话题热度	第二阶段话题热度
0.03	0.01	0.63	0.11	0.16

4.分类工作进展现状型话题共振

分类工作进展现状型话题主要包括试点城市情况、社区分类情况、相关设施建设情况。对于政府、媒体、公众等多元主体来说，内容建构最多、规模最大的话题即为分类工作进展现状型话题，该话题在第一、二阶段产生共振。

政府和公众最关心的均为试点城市情况，媒体的关注点略有偏差，更注重从细节反映政策落实情况，更加关注社区政策分类情况而非整体效果。在垃圾分类的第一阶段，上海市发布了即将强制执行实施的生活垃圾分类政策，这使得政府、媒体、公众等多元主体将注意力共同转向上海市的准备和宣传工作上，因此对试点城市情况十分关注。而进入第一阶段的政策试点期，多元主体的关注重点则有所偏离，政府将关注焦点放在相关设施建设层面，媒体在此阶段关注焦点与政府趋同，而公众则仍旧以试点城市情况为关注重点，这是因为 2019 年 7 月 1 日上海市正式实施生活垃圾分类，公众对政策关注的焦点更加集中于上海市具体实施情况，从而结合前期质疑讨论政策实施的合理性。政府作为政策制定者，将信息发布重点转向垃圾分类的前后端——相关设施建设情况，并逐渐提出将政策扩散至全国的通知。媒体作为政策讨论平台，在反馈公众意见的同时，也报道宣传相关设施建设情况。

在垃圾分类的第二阶段，政府部门开始关注和呈现扩大试点范围城市的政策实施情况，对相关城市垃圾分类工作发现问题并总结经验。媒体则将报道视角转向垃圾分类工作的第一线——社区，报道分类工作的真实情况，而关于试点城市情况的公众议程仍居高不下，可见分类工作进展现状从垃圾分类的第一阶段到第二阶段贯彻始终，并且关注度不断提高，发生话题共振。分类工作进展现状型话题模型参数如表 6 - 11 所示，分类工作进展现状型话题共振曲线如图 6 - 8 所示。

表 6 - 11　分类工作进展现状型话题模型参数

话题因素	地域因素	态度值	第一阶段话题热度	第二阶段话题热度
0.07	0.01	0.48	0.10	0.01

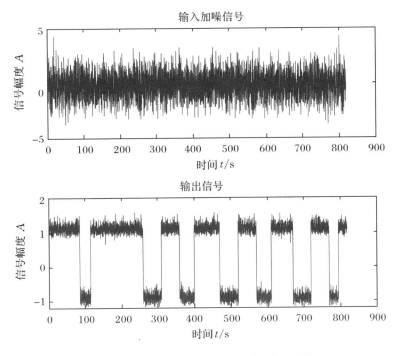

图 6-8　分类工作进展现状型话题共振曲线

5. 公众反应与心声型话题共振

公众反应与心声型话题的内容主要包括垃圾分类政策讨论、质疑政策落实能力及戏谑式表达,从共振曲线来看,该话题在第一、二阶段发生共振。

多元主体中公众为建构这一议题的主要来源。政府侧重政策内容和政策形式的宣传,出于对"自我"的关注和对"他我"的忽视,在反映公众心声层面出现了一定的失语现象。此外,媒体对公众反馈的忽视也造成公众意见在媒体议程中反映较少。从这一议题主要建构主体——公众角度而言,"公民赋权"促使其媒介话语权伴随着新媒体平台的发展而提升,公众对社会公共事务的参与欲望提升。在生活垃圾分类政策传播过程中,公众对于关乎自身利益的信息关注度高,对政策提出建议和反馈;公众不再仅依赖于政府和媒体的议题建构,而是作为实际践行政策的群体对政策各抒己见,在垃圾分类政策议题基础上引发强大的舆论声势。与政府和媒体议题建构中侧重的政策内容和政策成绩相比较,公众更加关注政策落地的可行性,在试行过程中存在的问题能否解决,这也是公众关注的主要内容。

在垃圾分类第一阶段,公众在政策酝酿期会对尚未实施的政策产生怀疑,涉及个人生活、环境保护的内容更易引发公众焦虑情绪,所以在社交平台对垃圾分类政策进行讨论,此时"垃圾分类政策讨论"议题较为显著。而在 2019 年 7 月 1 日政策实施后，即政策试点期到来之后，公众对于政策讨论更多转移至政策落实情况及试点城市政策实施进展，舆论声势不断扩大，吐槽、戏谑类言论层出不穷，质疑政策落实能力、垃圾分类政策讨论、戏谑式表达三类议题逐渐凸显。

在垃圾分类第二阶段，由于政策扩散到全国且在前一阶段公众对政策内容及政策进展有所了解和讨论，政策议程对公众议程影响程度达到最强，因此垃圾分类政策讨论类议题在此时期讨论量达到顶峰。由于前期政策实际落实过程出现较多问题，公众结合实际主动进行意见反馈并对政策内容及落实能力提出质疑，实现议程互动的良性循环，在此基础上"质疑政策落实能力"议题更为凸显。总体来说，公众反应与心声型话题贯彻政策前后阶段，且在后一阶段舆论声势达到顶峰，该话题发生共振。公众反应与心声型话题模型参数如表 6-12 所示，公众反应与心声型话题共振曲线如图 6-9 所示。

表 6-12　公众反应与心声型话题模型参数

话题因素	地域因素	态度值	第一阶段话题热度	第二阶段话题热度
0.01	0.02	0.53	0.06	0.01

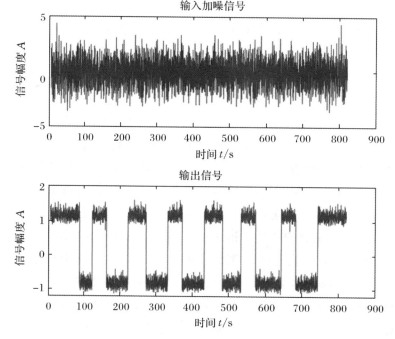

图 6-9　公众反应与心声型话题共振曲线

第7章

微博空间内生活垃圾分类政策的认同建构

7.1 政策认同的理论基础与研究溯源

7.1.1 理论基础

1.政治系统理论

政治系统理论由美国政治学家戴维·伊斯顿首创,他首次在政治学的研究领域中使用了系统论的研究方法,该理论的核心研究问题就是探讨政治过程如何构成一个系统,并分析该系统如何具体运作。政治系统的动力反应模式如图7-1所示。

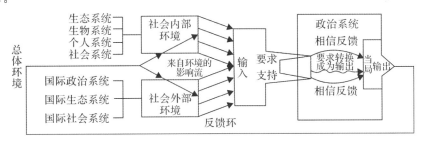

图7-1 政治系统的动力反应模式

戴维·伊斯顿于1989年提出政治系统理论。政治系统作为子系统,极易受到来自外部环境的干扰,这种干扰有两种表现形式:一是输入要求,二是输入支持。当干扰通过外部力量被政治系统内部接收,就能在政治系统内部进行转换,由当局输出决策和行动。当外界对于政治系统输出的内容表示不满,会采用反馈方式,再次提出要求和支持,重新进入循环。

在政治系统理论中，外部环境对政治系统输入要求和支持。要求是身处在环境中的公众根据自身切身利益和立场向政治系统内部提出主张和诉求，他们试图通过群体的声音和力量来给当局施加压力，以此来满足需求；支持是公众尊重、理解政府的行为，可以表现为自觉遵守法律条例等。当要求和支持流入政治系统内部，政府会立即做出回应，安抚民情和维持生存；回应主要是政府决策和行动的输出，是要求和支持在政治系统内部的转换；转换的本质是政府对社会价值重新做出权威性的分配，即新的或修正后的公共政策的出台，输出的公众政策传达到受众，反馈环节由此产生。公众是反馈环节的主体，旨在通过反映关于自身意志和要求的信息来倒逼政府做出让步，获得一定程度的支持，以此来获得认同。此时，公共舆论的强大力量就凸显出来。反馈表现在两方面：一是系统的输出结果，具体指当局对于"输入"环节中来自社会公众的要求和支持的反馈，以此来解决政治问题，适应其自身所处的环境；二是对于"输出"环节政府行为的反馈，这一层面的反馈是当局对于来自外部和内部的压力做出调节性的行动反馈。持续的反馈为政府提供了有关系统和环境的具体状况，并且也是政府衡量自身决策和行为所产生效果的重要因素，"输入→转换→输入→反馈→输入"循环往复的政治活动就此形成。

2.公民文化理论

公民文化理论是使用比较广泛的测量政策认同的方法，现代化的推进和民主进程的发展催生了公民文化理论的出现。公民文化理论由阿尔蒙德发展，他将政治态度作为政治文化的核心，认为政治文化是在特定的历史时期中，一个民族流行的信仰、态度和情感，一个社会的政治文化就是社会公民内化于心的对该政治系统的认知、情感和评价。从此，政治文化也能被量化研究。

公民文化理论与民主制度相适配，但不是仅能够描述民主政治生活。公民文化是一种混合制的政治文化，是传统政治生活和现代政治生活的交织。在传统政治生活中，村民完全臣服于政府和自己的国家，完全依附于自己的属地，完全被动地参与政治生活。而在现代政治生活中，公民拥有较高的政权参与意识，能够饱含热情地参与政治生活。不论是传统的政治生活，还是现代的政治生活，都是一个国家和社会制度的政治文化体现，是帮助人们更好地理解和研究社会的工具，是"理想的类型"，但实际的政治文化应当是三者的交织。横纵向分析，各国的政治文化都会以村民型政治文化为起点，经历由"村民→臣民→参与"的转变。由此可见，政治文化是一个双向的概念，它不仅让公众看到一个民主的、具有较高政治参与权的、具有政治权威的社会，也让政府在社会治理中看到公众对政治生活的热情和投入。在双向的运动过程中，公民文化理论将公民的政治态度与政治系统的运转有效连接起来,将微观上的政治沟通和宏观上的政治结构联系起来,影响着政治系统中的每一个对象。

环境政策的制定与实施是政治生活的一部分,环境政策的认同过程则体现着公民文化的基本原则。首先,公民文化是认同和分歧的统一。由于每个人的生活观念、生活背景等各不相同,对于政治生活并不能完全保持意见一致,当产生分歧时,就需要公众参与政治生活进行讨论,并得出一个普遍适从的政治生活原则来保证社会的持续发展。环境政策是政府、媒体和公众经过集体讨论得出的结果,具备普遍性的价值。其次,公民文化要求公民在社会规范下参与政治生活。具有积极主动的参与意识是公民参与政治生活的前提,公民文化首先注重培养公众的政治参与意识,当参与意识树立之后,再通过政策制度来巩固参与意识,从而影响公民对于政治生活的态度,并维持政治生活的有效运转。环境政策是政府在环境领域中制定的政策,公众在实施环保行为时,既可巩固自己的环保意识,也可以让环境政策持续推进。最后,公民文化是政府权威和责任意识的统一,政府通过民主选取获得权威性,其使政府具备一定的权力管理国家事务,同时,政府还应该对选举者秉持负责任的态度,关心公众议题,解决公共问题。

笔者基于公民文化理论,将政策认同分为政策认知、政策情感和政策评价三个维度。通过研究生活垃圾分类政策的传播过程,分析认知、情感和评价在政策传播阶段的情况,从而分析政策认同情况。

7.1.2　研究现状

1.政策认同的概念

政策认同是一个心理学和社会学交叉的概念,认同是特定对象对于某一事物的心理状态,表现为认可的正面态度[227]。政策认同就是行为主体对于政策的双重认可,即在心理上接受,在行动上落实。美国学者艾伦·艾萨克认为态度就是一种情感主义的倾向,是公众对某些方面的评价。我国学者桑玉成也赞同这一概念,他认为政策认同是对公共政策的同意、认可和赞赏的情感流露[228]。肖明进一步指出,政策认同不仅是行为主体对于政策的认同,也是对于政策制定者的认同。政策认同是政策执行能否取得成功的关键性因素[229],政策执行的贯彻落实取决于社会制度的凝聚力,只有当局充分调动各个阶层的积极性,唤起公众对于政治参与的热情,提高公众对于政治制度的认同,才能减少政策实施的阻力,推动政策的落实。由此可见,政策认同是政策执行贯彻落实的必要条件。当前,学者对政策认同的研究主要聚集在具体的某一政策上,研究政策认同的影响因素、困境与路径等方面。

2.政策认同的影响因素

因为政策认同在政策执行过程中占据着重要地位，所以对政策认同影响性因素的研究是一大热点。于铁山研究关于延迟退休年龄政策的认同影响因素发现，劳动力的生活幸福感和主观地位是显著的影响因素[230]；王结发认为公众能否遵守政策主要受国家权力的强制性、政府对公众的情感控制和公众对制度本身的理性态度等影响[231]；乔成邦认为公众对于自身利益的考量直接决定了他们是否能够执行政策[232]。认知的复杂性决定了认同过程受到多重因素影响，多方利益的角力与博弈牵涉着认同的发展方向与程度，公众的认知与习惯尤其扮演着重要角色。聚焦生活垃圾分类政策传播，有学者具体讨论了其中的媒体框架、网民框架与双主体共同实现的政策认同。网民作为公众的一部分，其参与行为涵盖了政治认知和接受习惯等，直接影响威胁、说服、沟通、妥协等多程度的政策遵从结果，良好的合作治理和协商对话对于促成公众政策认同至关重要。还有学者从政策认同的核心出发，认为其表现就在于目标群体在政策执行过程中的认同行为，而公众正是政策传播的目标群体，在认知、情感、行为三个关键环节中，公众认知发挥基础作用，通过信息获取与内化处理，结合个人习惯、政治社会化水平等形成初步认知，政策宣传程度、信息获取渠道、传递沟通方式等则直接影响公众认知与最终认同，因此必须深入了解公众需求，实现利益协调。

3.政策认同的困境与路径

对困境与路径的研究是很多议题里的热点，从政策出台到公众认同的过程中会面临什么样的困境，通过什么方法解决是研究的重点。石火学主要对教育政策进行分析，认为教育政策决策的模式、调整频率、道德性等会导致教育政策认同障碍，因此要确保教育政策的公平公正，需扩大表达渠道与途径，提高公众的认知水平[233]；吴鹏、付卫东通过对免费师范生这一政策的研究发现，情感基础薄弱的人通过对现实和想象的比较而产生心理落差等导致情绪无法排遣，从而影响师范生对政策的认同情况[234]，这需要加强目标对象对政策制定者的信任度，因此要推动媒介建设，提高公众对媒介的信任。

研究表明，对于政策认同的研究集中在社会学方面，比如探讨对养老政策、教育政策和土地政策的认同，但几乎没有对于环境政策的认同研究，学者都是用政策执行效果这个宏观概念去衡量政策认同，忽视了公众对于政策的认知和认同过程。笔者主要运用内容分析法，通过对微博平台大数据的抓取，分析网民对于垃圾分类政策的意见和观点，探究网民对于该政策的认同过程。

■7.2　环境政策的认同过程解构

7.2.1　微博空间中环境政策传播过程的主体分析

传统媒体时期,议题建构多由官方和媒体完成,媒体作为政府和公众互动交流的中介与桥梁,承担着引导舆论和反馈意见的双重责任。广大公众作为"受众"被动接收信息。网络媒体平台因独特的交互性、即时性、分布式传播等特征,将话语权由官方下放至普通民众。公众意识到解决环境问题的迫切性后,开始寻求发声路径,以期获得政策支持,以社交媒体为代表的新媒体平台为此提供契机,公众基于自身需求对环境事件主动评价,不断完善对于事件的整体认识,也对环境事件及政策进行议题建构,形成了庞大的舆论声势。政府和公众借助媒体改变单向流动特征,实现有效互动[235],形成信息传播的三类主体:作为舆论控制者的政府、作为舆论引导者的媒体、被引导的万千公众[236]。新闻传播领域的"三元主体"理论被提出:一是专业化的媒体组织;二是通过新媒体自我赋权的民众个体;三是既非专业媒体,亦非民众个体的具有组织性和群体性的新闻传播主体,即"非职业新闻组织主体"[237]。

1. 政府:管理到服务的转变

政府机构是环境政策传播中的重要参与者,也是促进公众政策认同的有力推动者。在我国,政府作为公权力的代表,对政治生活进行宏观把控,政府的角色定位应该由社会政治事务的管理者转变为服务者。现代民主政治体系中,公众通过定期选举来选择与个人政治倾向相近的人代为管理政治事务和解决社会问题,在单一传播工具主导的时代,公众无法直接插手政策制定,媒体成为继选举人之后代替公众反映问题的渠道,而政府权力相对集中。在话语权下放的新媒体时代,民主观念深入人心,政府深谙保证政策顺利落实的关键在公众,同时,民主制下的政府代替公民行使部分权力,权力的委托要求政府对公民负责,政府在政策传播过程中必须听取公众意见、及时调适政策。政务微博、政府网站、政务微信等多元渠道的出现直接搭建了政府和公众进行政治沟通的平台,有助于政策信息的流通和政策的合理制定。在责任和社会地位的驱使下,政府在促进政策认同的过程中,凭借政治身份统筹多方意见,服务于政策传播的始终,最终将政策目标变为现实。

2. 媒体:意见领袖到议程组织者的转变

作为党和政府的喉舌,媒体为政府发声,也为公众发声,并作为中间人维系政府和公众的交流。在政务新媒体等网络问政形式开通前,在政策制定到政策实施的过程中,媒体发挥上传下达的作用。传统媒体时代,作为公众了解政务的渠道,媒体对政策的突出报道和解读评论影响着公众对于政策的认知和判断，称得上是合格的"意见领袖"。在政务新媒体平台得到广泛应用后，媒体的意见领袖角色被削弱，而成为政治事务的议程组织者。媒体不仅要收集政府和公众设置的议题，还要将两者的议题进行归类整理分析，转化为媒体议程，一方面解读政府下发的文件，建构公众对于环境问题的层级认知，另一方面将公众议题传达给政府，让政府更好地理解民意，将政策合理化。

3.公众：被动到主动的转变

政策制定的过程之所以复杂，在于政策实施的目的，公共政策的出台响应我国人民当家作主的本质。政府想要维持稳定且平等的民主制度，离不开全社会的齐心协力，但是公众参与政治生活的方式是有限的，只能直接参与到分权机构的管理中或间接参与到少数问题的决策中。在互联网时代，公众参与政治活动的角色发生颠覆性转变，微博、微信等第三方平台丰富了公众参政的渠道和途径，在政策传播过程中，公众可以在微博空间中直接参与复杂的政策制定活动，并不断表达观点与想法，政府部门通过平台了解公众舆论，做出回应与改变。

公众从被动接受变为主动获取，公正、平等的民主制在政府与公众的公开博弈中不断加强，良性的互动与博弈能够使多方主体最大程度地接收对方的信息，在最短时间内达成多方一致认同。但是由符号建构的意义极易被曲解，公众易产生对抗式解读，即公众舆论的外在表现形式，同时也是公众参与政治生活的表现。对抗式解读能激发政府和公众的对话，出于风险估计和对政府的信任，公众会主动向政府反映诉求，多元主体在微博舆论场相互劝服以求环境问题的解决，公众作为政策议题建构者和传播者的身份得到充分肯定。

就理论层面而言，20世纪中叶，国外学者最先关注到"公众参与"的理论价值，米歇尔等人首次提出"利益相关者"，对公众参与的主体进行界定，将其相关程度按照权力、合法性、紧迫性等标准进行排序。在对三个联邦社会政策的案例分析中，阿尔恩斯坦提出了关于公民参与的阶梯理论，每个阶梯对应着公民的不同权利。20世纪90年代，公众参与的有关理论知识被公共管理学者引入，主要研究公众参与对环境治理的作用，以及制约公众参与的影响因素。党秀云从个人、社会和政治层面，指出了公众参与的重要价值[238]，蔡定剑对参与式民主在中国的实践困境与前景进行了翔实分析[239]。在互联网时代，广泛的利益相关者（如公众和社会组织团体等）能够通过政务微博等新媒体平台及时获取环境政策信息，并且深入有效地参与到政策制定和环境治理的环节中。蔡梅兰指出，只有公众充分参与社会治理，才能确保政府及时有效获取公众实际需求，制定科学合理的公共政策，减少因信息不对称带来的公众需求与服务供给错位[240]。

结合现实状况，作为环境政策的信息源，政府在很多由公众引发的环境事件中的话语优势并未凸显，与媒体和公众的互动差强人意，甚至同公众舆论呈现对立状态。媒体则在许多环境政策传播中单纯地充当"宣传工具"，报道内容偏离公众舆情，出现了"传播失衡"的问题，导致政府和媒体的权威性被公众质疑。新媒体技术的成熟为公众进入媒介社会提供了平台，公众媒介素养和民主意识的增强与觉醒使其开始寻求路径打破精英话语，形成庞大的舆论声势向政府和媒体施压。政府则通过新媒体平台同公众和媒体进行互动交流，力求了解环境问题，促使环境政策传播。政府、媒体和公众是环境政策传播中的三大主体，相互依赖、相互交流，三者的良性互动和对环境政策合理的议题建构推动形成政策共振，促进环境问题解决。安德森表示，发生在公共领域的社会问题，只有进入大众视野，引发社会群体、组织和政府当局的注意，才能实现具体问题的合理、合法和政策化[30]。多方主体为寻求社会问题的解决，不断设置议题、形成议程，在微博空间中动态传播。

7.2.2　微博空间中环境政策的传播条件

1.技术加持促成开放环境

在传统媒体时代，"魔弹论""沉默的螺旋"等反映了媒体对于公众的强大影响力。这种强大的功能表现在媒体的新闻报道中不仅能够左右公众的思想，甚至能够支配公众的行为。这一理论完全将公众放在信息的终端，低估了公众的主动性。

"在网络时代中，信息传播形态发生了根本性的变化，媒介不再处于传播链的首端，受众日益强化已经成为新媒体环境的重要特征，也是修正议程设置理论的根本原因。"[30]科技的快速发展和互联网平台的出现打破了媒体的主导局面。网络平台具有交互性、开放性、可接触性等特征，赋予了公众话语权，弥补了公众处于被动地位的弊端，为政府、媒体和公众的互动提供了技术支持。在微博空间，政府主动开通政务微博等问政平台，发布政策信息，关注公众关切，回应公众诉求；媒体作为桥梁，转发扩散政策信息，对相关议题进行组织，关注舆论声音，进行舆论引导；公众可通过话题，自由表达诉求，进行反馈。三者互动交流的方式也不仅局限在文字，通过短视频、长视频、链接、VR/AR 等充分调动主体的感官，通过声音、表情包、视频画面、背景音乐等提升主体的情绪感知，极大地提高了传播主体在进行政治沟通、利益博弈时的效率。

2.公众认知参与推动政策传播

公众参与是政策传播中不可或缺的重要环节，它是指在特定的程序和方法的规定内，公众和组织团体依法参与公共事务的过程。公众通常采用公开表达诉求、申诉等方式表达不满情绪，促使公共事件进入大众视野，以此来实现政策的制定、落实和评估的参与，达到公共事务公共治理的目的。但是我国官方话语权占据主导地位，公民参与意识相对薄弱，导致长期以来公众在政策传播过程中的缺失。社交媒体和公共空间在最大程度上赋予了公众自由表达的权利，同时也为公众合法参与政策制定奠定基础，公众主动参与政策制定的环节，可以帮助公众深入了解政府制定环境政策的出发点和落脚点，监督政府行为，对于自己参与制定的政策，公众也更容易接受和认同。当政策制定完毕流入传播环节，公众能够主动转变固有观念，认识到自身是国家管理和公共事务管理的主体，从而积极学习相关知识，实现对政策的理性探讨；也可以采用信访、发表评论、民意调查等方式参与到政策传播中去，实现公众的议程设置。公众参与到公共事务的治理中，不仅能够推动政策传播的进程，加速政策从制定到落实再到评估的流程，也能倒逼政府关注公众所需，进行科学和民主决策。公众、政府和媒体的良性互动有利于营造一个和谐的讨论环境，打破舆论偏向的困境。

在公众参与推动政策传播的过程中，其认知水平直接影响政策执行效果。在生活垃圾分类政策中，公众认知表现为参与意识、参与能力、参与预期，从特点来分析，公众认知与政府动员直接相关，受环境规制、收运模式、监管机制等不完善的阻滞，生活垃圾分类政策的公众认知存在被动性、表面性、无序性等不利特征。有学者将有关生活垃圾分类政策的公众认知概括为典型的两种，即公众认为行为无增益而仅将责任主体定位为政府，或者将个人作为共享者、直接参与者、监督者而与政府形成合作治理。在前者状态下，政府发挥主要作用，公众认知和参与水平较低，往往以旁观者身份观望，对政策的推进效用有限；在后者状态下，公众规模对合作效果影响较为明显，但需要考虑公众认知倾向，均衡环境治理，体现着公众认知的复杂作用。微博空间内，社交媒体的高效、快速、开放、互动等特性更加剧了认知过程及其作用的复杂程度，一方面，官方账号、咨询平台、网络达人等集中进行信息输出，使得在大量信息短时涌入的情况下，信息质量难以把控，作为信息接收方的公众及其认知具有更强的不可控性，另一方面，公众与信息发布方的关系在互动中有所转变，单向度信息传播和意见领袖的教化功能减弱，公众的主观发挥空间得到拓展，个人感知的交互作用愈发增强。公众认知在个人习惯、媒体报道、政府引导、专家意见等多方主体力量的博弈中形成，而媒体从信息供应者演变为对话场域中介者，为认知形成搭建平台,也凸显出认知在当下行为表现和未来行为预测中的重要作用。

3.媒介素养提升议程互动质量

当前,媒介文化快速发展,媒介素养的内涵日益丰富,传播学者陈力丹认为媒介素养既包括媒介从业者对于自我职业精神的认知,也包括公众对于媒介的认知和使用。利维斯和桑普森曾指出,只有提升学生的媒介素养,提高判别意识,才能有效抵制大众传媒带来的形形色色的诱惑,抵制大众传媒带来的庸俗文化。这一论断显示出一种凌驾于大众文化之上的"免疫"的优越感。

在政策传播过程中,公众议程伴随媒体议程产生。新媒体下的媒介素养已发展成为包括获取信息、辨别信息、分析和评估信息等的综合能力。公众不再是简单地获取信息,在面对海量信息时,公众善于数据挖掘、理性判断,从而合理表达诉求。但是部分公众在公共事件的传播过程中,一味表达不满和悲观,不能站在宏观的立场上去理解环境事件本身、政策内容和治理方法,不仅不利于设置环境政策议程,甚至会引发群体极化现象。

因此,良好的媒介素养是政府、媒体和公众达成良性互动的重要素质之一。对于政府而言,要营造健康的社会氛围和网络环境,倡议全民提高媒介素养,对待公共事件的传播尽可能地保持客观中立全面的态度。对于媒体而言,媒体作为"第四权力",发挥舆论监督和舆论引导的功能。在政策传播中,媒体一方面能够监督政府的行为和决策,将公众意见反馈给政府;另一方面,媒体能够收集公众舆论,把握舆论走向,进行舆论引导。媒体的媒介素养直接影响着政府和公众的互动效果,影响着政府在公众心中的地位,影响着政府和公众的互动质量。媒介素养还表现在道德和专业能力两方面。媒体从业人员新闻报道的质量也直接关系着媒体议程设置的效果。媒体在进行新闻报道时,要时刻站在客观公正的角度,做到不偏不倚,积极学习政策传播的相关知识,如公众心理、政策传播过程等,合理组织政府议程和公众议程。另外,媒体要不断以高水准要求自己,让社会责任感贯穿于政策认同的全过程,以实现政府和公众的有效沟通,并解决环境问题。

7.2.3　微博空间中环境政策传播的议程设置

在环境问题的解决和环境政策的传播过程中,以政府、媒体和公众为代表的多方主体发挥了重要的作用,多元主体共同作用已成为国家治理体系现代化的重要体现之一。多元主体对环境政策进行议题建构,并且就各方诉求在微博空间中进行公开讨论,信息公开化和透明化促使了更多的公众参与到环境政策议题建构中来,由此达到多方主体的议程互动,促使三方就环境政策达成一致,形成政策认同。

1. 政府议程

政府议程是指普遍的、具有代表性的社会问题引起决策者注意，并要求采取某些行动将社会问题纳入政府决策的过程。传统媒体时代，政治沟通渠道不够畅通，政府和公众只能凭借媒体力量传递信息。新媒体的出现削弱了媒体上传下达的功能，实现了政府和公众的直接对话。一方面，政府能够将社会问题转化为政策议题进入政府议程。环境问题关乎民生，水源污染等都使政府看到解决环境问题的必要性，主动将环境问题带入到政府议程中，协调各方资源，自上而下解决公共性问题，从而提高政府公信力。另一方面，政府被动吸纳公众议程。通常情况下，公众会通过表达利益诉求推动社会问题的解决。技术加持促进了公众诉求表达渠道的多元化，而且公众也更加倾向于用理智和成熟的方法寻求利益的满足，他们越来越期待利用政治协商、政治谈判和政治沟通等方法合理解决问题。不论是主动进行议程设置，还是被动吸纳公众议程，都能使政府正视公众利益，倾听公众声音，促进良好的政民互动。

2. 媒体议程

媒体议程是指媒体将其认为重要的议题通过重复性、放大性的报道向公众强调该议题的重要性，从而引起公众思考。媒体议程经历了一个漫长的发展过程。早期，大众媒体以"中间者"的身份涉足政治过程，被人们当作不速之客，在自由民主政治理论的引导下，媒体在政治过程中逐渐中心化，成为资产阶级谋求权力的产物。为了对抗资本与独裁统治，公共意志应运而生。公共意志要求公共理性，这一点具体可表现为将个人意见转化为公共舆论。在政策传播的过程中，公共理性也就表现为多元政治和主体之间的互动和交流。主体互动的形式有很多种，如两者间的政治沟通、公众对于政府的监督等。公共信息的流通是主体互动的必要条件，这些为媒体进入公共领域创造了条件。早期的媒体议程主要是通过话题设置或新闻报道吸引公众兴趣，转移公众注意力，引导公众所想，进而影响政府议程。在新媒体环境下，公众主动参与到公共事务的讨论中来，发表个人意见，为自己争取一定的权利，打破了媒体强大的建构功能，但媒体议程仍是连接政府议程和公众议程的重要纽带，为双方提供了交流和理解的平台。媒体议程的作用仍然不可忽视。

除了通过报道来引导公众舆论，媒体议程还能有效解决信息不对称等问题。互联网准入门槛低，这一特性给予了每个人公平获取信息的机会和平台，任何人都可以在互联网平台搜索到自己需要的信息，但是因为对于政策认知的不对称，导致了公众所获取信息的不对称。不同的人对于同样的信息产生的感知、判断也截然不同，那么对同样的政策，也会进行不同的认知，比如对于政策合理性的认知。媒体作为政策传播者和解读者,能充当公众的"扩音器",将公众诉求反馈给政府,为政府收集到更多公众的意见,减少信息差,从而将环境问题引入到政策领域,实现协商民主的精神旨归。

3. 公众议程

公众议程是公众就某一社会公共问题参与公开讨论,介入政府议程设置的过程。公众声音经过长期的积累,能够形成庞大的舆论声势,倒逼政府关注社会公共问题。公众议程的形成往往基于一个具体的公共问题,从与其有紧密关系的个人扩展到社会群体,公众议程也因其主体的代表性而被打上民主的烙印。风险感知是公众议程的第一步,在环境政策传播中,部分公众会首先感知环境的变化并做出判断。另外,信息的不充分和信息的模糊性会加剧公众的焦虑情绪,推动自我动员和群体动员,以争取到社会的关注、理解和支持。这一时期,公众把握主动权,倒逼政府设置政府议程。通过发表、汇聚广泛的议题,公众在意见领袖的支持下建构议题,然而包括环境议题在内的公共议题在被公众舆论裹挟的同时呈现出非理性、不切实际、失控、片面化的特点,缺乏理性的观点输出。因此,政府通过媒体议程为公众议程提供意见广场的同时,也借由媒体议程组织引导舆论意见,传播政策制定者的思想,从而使公众在情绪表达的同时回归至议题本身。

7.2.4　微博空间中环境政策的认同过程

1. 从认知到认同

认知是产生认同的基础和前提。只有拥有足够的认知,才能达到高度的认同。人类的认知用心智定义[241],属于心理学范畴,一般是指人类的心理活动,是外部客观世界在人脑中反映的联系和特性,揭示事物对人进行主观能动活动的作用[242]。本质上讲,认知就是在脑海中完成对外部信息的加工与处理。20 世纪 50 年代,认知研究大规模兴起,美国学者尼塞的《认知心理学》一书的出版被认为是现代认知心理学诞生的象征。20 世纪 60 年代以后,认知心理学与社会学、社会认知神经科学、语言学等多学科的交叉融合成为一种新的趋势。随着认知心理学研究的深入,学者对认知的研究不仅局限在自然认知上,即客观世界和自然环境,还扩大到社会认知的范畴。社会认知研究者关注的焦点从知觉主体的兴趣、动机等社会心理因素对他人的知觉转向对社会心理信息的加工与机制化过程,认知的发展也经历着由静态转向动态的过程。从静态层面来说,认知以认识为主,这种认识包括以表象、知觉等的感性认识和以推理、概念为主的理性认识。从动态层面来说,认知是指人脑获取信息、处理信息、加工信息的过程与应用。20 世纪 80 年代起,认知观念更加成熟,形成四个基本观念:认知是具身的(embodied)、情境的(situated)、发展的(developmental)、动力系统的(dynamic system)[243]。由此可见，认知是建立在脑神经基础上，不能脱离整体环境而孤立存在的、呈螺旋式上升的系统事件。

与西方关于认知的研究相比，我国学者对认知的研究开始较晚。在中国的传统语境中，认知不仅关注现实，也关注人们内心价值的取向和价值目标的实现。互联网技术的加持和网络世界的出现，使得人们的认知更加碎片化，在形成系统认知方面难度愈来愈大。但是网络也使人们的认知朝着更广的范围去拓展，给予人们知晓不同世界、不同领域的机会，认知愈来愈凸显文化的底蕴，敦促人们在思想意识和价值观上更进一步。

"认同"源于拉丁文词根"idem"，表示"同样的"，认同问题来源于古希腊学者提出的命题"认识你自己"。随后，一些著名的哲学家都对认同有着不同的分析和论述。弗洛伊德认为"认同从模仿开始"，儿童在成长的过程中，将父母或老师作为自己的模仿对象。这种模仿是使双方在心理和行动上出现趋同的过程，但是这是一种内省式的认同，脱离了外部环境和文化因素对人的影响。随后，查尔斯·库利提出"镜中我"的概念，主张通过与他人的互动来认识自己，改造自己的世界。有学者认为，"镜中我"在自我认知中起"放大镜"的作用[244]。由他人来认知自己，易受他人影响，无法进行真正的认知与认同。米德的"主我和客我"增加了人的社会意识，强调人们在与社会的沟通和交流中产生认同，这虽然具有一定的能动性，但是在与认同的关系中，对自我的认知只是认同的一部分，并未注意到社会经验与文化环境对认同的影响。尽管学者对认同的了解更多表现在个体层面或者以生物性为基础，但是他们已经将认同寓于社会环境中，表明认同是社会互动的结果，是一种心理认知的结果。随着对认同的深入研究，埃里克森证明了认同是一个持续的社会过程，他主要关注青春期，认为青春期的孩子通过教育，会度过一系列认同危机，但是在社会化的过程中，当现实需要和心理需要产生冲突时，便会产生新的认同障碍，在解决认同障碍的过程中，生物环境的变化可能会导致认同的变化。埃里克森还认为，意识形态、文化与认同之间存在着连续关系，塑造意识形态的过程也会相应地培养认同意识。

意识形态的出现，将认同从个体转向群体，拥有同样或者相似意识形态的群体总是依赖处于该群体中个人的认同。当历史环境的变迁或个人认同出现不安全、不稳定状况时，他们便基于用行动来保护自我认同或者寻找一个新的认同，群体中共同的知觉与共同的反应便会影响群体对于共同认同障碍所做出的反应。菲尼进一步发展了个体与群体的关系，他认为认同是个人对群体正向的评价，是对群体身份的肯定。帕森斯关注认同理论的普遍性作用，他提出"认同是人类有机体的一个动力行为机制"[242]。与帕森斯不同，哈贝马斯认为一个政治系统只有获得认同，才能在社会中形成凝聚力。

　　形成认同是一个缓慢且持续的过程。认同是动态的,会随着社会制度的发展而变化,具有可塑性,但是不管认同如何被建造或变化,它都是基于个人和集体对社会环境和自然环境的认知。在认知的过程中,认知主体关于认知客体的知觉、印象、判断等会经历反复循环的过程,最终决定是否进行认同。认同是基于人的心理、思想与信仰形成的,其逻辑起点起源于人的自我认知[245],认同的过程伴随着认知主体对客体的认知,认同的成效与认知的程度紧密相连。

2. 从政策认知到政策认同

　　政策是一个或者一组行动者为解决一件事情或者相关事务所采取的一系列相对稳定的、有目的的行动。从政策的概念来看,政策主体包括政策制定者、政策传播者与政策执行者。政策制定者在整个政策环节中起着导向作用。一般来说,政策制定者指政府及其相关部门。为了解决社会和现实需要,他们会有目的、有意识地颁布针对性的法规条令来约束和规范政策执行者的行为。召开新闻发布会、网络问政等方式是政府及其相关部门的常用方式。政策传播者主要是以官方媒体为代表的媒体组织和媒体机构。媒体作为党和政府"喉舌",作为连接政府和人民之间的桥梁,起着上传下达的作用,也在舆论引导和舆论监督中发挥了强有力的作用。作为专业组织,媒体能够弥补政府和公众在建构议题、设置议程中的不足,媒体自身对于信息的敏感度和数据的处理能力也为实现良性的多元互动提供了支撑。同时,作为除行政权、立法权和司法权的"第四种权力",媒体能够有效监督政府,保障人民的合法权益。政策执行者是整个政策环节的目标对象。公众虽然是政策执行者,但是新媒体环境赋予了公众进入政治系统的机会,使其由完全被动的执行者变为主动的政策传播者、执行者,甚至是制定者。公众能够通过微博平台等公共空间,及时发表、反馈自己的看法和意见,当公众的声音越来越大,在意见上达成共识,就会形成舆论,从而在一定程度上倒逼政府对政策做出修正。认知是认同的基础,政策认知是政策认同的基础。在政策传播中,对于政策的认知是必不可少的环节,一项完整的政策会经过政策议程设置、政策制定、政策采纳、政策实施和政策评估五个环节[246],这一过程可以概括为聚焦环境主张、呈现环境主张、竞争环境主张。在每一个阶段,每个主体都会有各自的任务。在政策形成前,政府官员和政府机构要对政策实施的环境进行充分认知,对社会经济、政治文化等进行充分考量,对公共问题和公共目标进行充分了解。公众要对政府机构及其官员、媒体进行充分认知,这种认知有利于公众建立起对政府和媒体的信任,政府信任和媒体信服是政府获得政治支持、媒体有效宣传的重要基础,同时也是衡量公众是否能够对政策产生认同的重要标尺。媒体要对自己的职能、公共平台的性质进行充分认知。在政策传播中，媒体是跟踪报道、解读政策、监控政策和评估政策的中坚力量，对自己职责的了解，能够帮助媒体快速厘清工作头绪，迅速且准确地进行传播。公共空间是公众舆论形成的地方，微博平台等公共空间开放性强、传播速度快，并且具有网民匿名性等特点，对公共空间的认知能够促使媒体快速进行舆论引导，有效规避网络群体极化现象。政策形成过程复杂且反复，对政策的最终认同和实施也并非一蹴而就。在政策出台后，政策制定者为了维护自己的利益，达成既定的目标，会就政策呈现相应的主张。这一切的前提是政策多元主体都要对政策目标、政策内容、政策实施等进行认知和理解。多元主体通过博弈、劝服等方式，达到相互认同的目的。

政策认同是指目标群体在政策执行过程中对政策的态度。一方面，政策认同表现为对政策价值、政策内容、政策细则等各方面的认可；另一方面，还包括对政策制定者本身、政策制定者决策和行为的认同。经济环境、文化环境、政治环境等其他一切要素都在认同的过程中发挥作用，政策认同内化于各主体的认识、情感和评价之中。政策认同是政策实施过程中的关键环节，要求政策主体间在政策价值、政策内容、政策主体责任等方面均达成一致看法。在政策互动中，政府和公众均是劝服方和被劝服方的统一，在政策传播过程中，出于利益考虑，双方都要通过信息策略行为来劝服彼此。这些信息策略必须具备三个条件。一是认知能力。双方需要有足够的认知能力来推测对方的目标和意图，以便能够在议程设置中设置更为合理的议题来实现自己的目标。二是知识结构，即在政策传播中表现为媒介素养。只有当政策主体具备一定的知识体系时，议程互动才会更有意义。三是隐藏动机的易接近性。多元主体在政治沟通中的动机越明显，越能对症下药，越能快速解决因沟通产生的认知障碍、对抗式解读等问题。三方在传播过程中相互劝服、相互博弈，最终实现政策认同。

3.政策认同的三要素

政治文化是一个民族在特定时期流行的政治态度、信仰和感情[246]。社会公众在过去经历中形成的态度对于政治行为产生了极大的影响。这种态度不具有稳定性，它会随着社会环境的变化而变化。阿尔蒙德认为社会公民的政治态度可以分为认知的、情感的和评价的，一个人对于政治体系内的任何对象都可根据这三个指标来考量。

认知是个人对政治体系内政府机构、政府决策、现行政策等的认识情况。政治认知可以提升政府、媒体和公众对政治系统的内部了解，为后续的政治行为奠定思想基础。一般而言，对一项政策的认知范围呈现逐渐扩大的趋势，并且在政策扩散后期，政府、媒体和公众不仅能够完全了解政策的细节和详情，还能知晓三方在议程互动过程中提出来的多样诉求,并进行回应和解决。通过对政府、媒体和公众的政策认知进行分析,可以了解三方对于政策的认知程度,分析无法达成政策认同是否与浅层认知有关。

情感是个人对政治体系内政治对象的感情,包括支持、反对、喜欢、厌恶等。政治情感是政治文化中的重要因素。情感因素的介入会影响政治系统内政治主体的判断,这种判断会给环境政策的传播效果带来不同的影响,也会给政策评估者带来评价偏差。在环境政策的传播过程中,负面的情绪传染不可避免,政策的落实必定会损害部分人的利益。在情感传播的过程中,政府和媒体要及时捕捉公众的负面情绪,判断和分析产生负面情绪的原因,通过对情感、情绪的建构,分析公众在每个阶段的情绪变化趋势,进而判断公众在哪一阶段的不满情绪较严重,并采取相应措施消解负面情绪。

评价是个人对政治体系内关于政府决策、现行政策等的价值判断。对于环境政策而言,媒体对于政策的正向评价能推动公众对该政策进行认同,从而付诸实践。但是如果媒体做出负面的评价,那将不利于政策的落实,政策将成为形式,环境问题就会被搁置。政策评价建立在政策认知和情感之上,与政策情感的走向基本一致。实时了解公众对政策的评价,能够及时获知公众在政策认同过程中产生的认同障碍。

4. 微博空间中环境政策的认同过程

根据政治文化理论和议程设置理论,本研究以政策传播中的政府、媒体和公众三方为主体,从政策认知、政策情感和政策评价三方面来建构政策认同。根据政治系统理论和微博空间特性,从政府、媒体和公众三方主体的议程互动来建构微博空间中政策认同的过程,如图 7-2 所示。

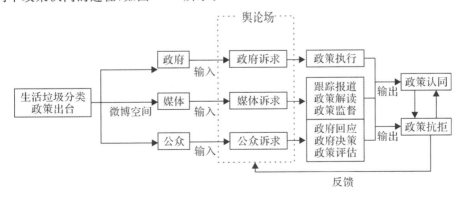

图 7-2　微博空间中环境政策认同的过程

(1)初始认同阶段:政策议题催生多元主体,促进环境政策传播。政策认同的初始阶段中,环境问题涉及公共利益,引发群体的广泛关注,促使公众就环境问题展开讨论,并推动环境问题转化为环境议题,进入公共讨论空间。持相同意见的或对同类话题关注的群体受到环境政策的驱动作用,促使环境话题不断聚集,环境政策热度持续增长,当政策热度上升到一定程度,便会受到不同群体的关注,催生出各执己见的舆论群体。随着环境政策讨论热度的增加,网民情绪不断激化,不同的观点碰撞交织,传播作为博弈的重要过程也随之发生。

(2)博弈认同阶段:政策主体表达多元诉求,并寻求解决问题。互联网是民意表达的特殊渠道。作为民间舆论场,新媒体平台会绕开传统的媒介传输机构,任何人都可以在新媒体平台自由表达。这种方式会破坏原先的话语等级制度,使政府和媒体意图控制的信息传播变得不可控,多元主体就由此进入微博空间中。由于各方的政治立场、观察问题角度等因素存在明显差别,多元诉求也因此产生。在政策传播中,政府经过理性思考,在衡量部分利益和大众利益、效率与公平后表达诉求。政府诉求建立在对政策认同、对环境问题解决的目标之上。同时,政府诉求也是对公众诉求进行的回应。公众诉求体现了公众在环境问题上的政治参与。公众诉求是基于个人的身份认同、利益所得、对政府的信任、政策合理性等提出的主张。公众作为政策执行者的主体,是政策传播中重要的一环。公众参与是权力的再分配,其核心要义是公众能够通过公众诉求来形成民意,从而影响政府决策。公众诉求也建立在政府回应、政府决策和政策评估的基础上。在未达成政策共识之前,公众诉求和政府诉求始终保持着一个互动的关系。公共性是媒体的出发点和落脚点,也是公共政策的属性。在微博空间中,媒体代表着公共利益,媒体诉求也围绕寻求公共利益的平衡而展开。形成政策认同是促进政策执行的关键。一方面,媒体要当公众的"意见领袖",在政策信息扩散的过程中,媒体的专业素养决定了媒体是否能够在政策信息传播中占据话语权。它们能够快速地搜集到全面、广泛、真实的政策信息,通过政策宣传、跟踪报道来大力宣传政策,影响公众进行政策认知,并以强大的感召力推动公众认同政策。另一方面,媒体要当政府的"监督员",为广大群众发声。媒介评论是媒体的利器,在政策信息输入过程中,媒体会根据媒体价值观,基于公共利益对公共政策做出解读,对政策实施进行监控。对政策进行解读和对政策实施监控会直接作用于政府和公众,促进公众对政策的认知和环境政策的再生产。

(3)认同形成阶段:多元主体进行政策输出,政策转化为政策共识。在环境政策正式输出前,各利益主体围绕政策相互讨论、辩论和协商,以达到既定的政策目标或政策优化的过程被称为政治辩论。政治辩论是能够进行政策输出的有力手段。政府、媒体和公众通过政治辩论进行思想输出,共同推动公共政策在全社会范围内推行并渴望达成政策目标的过程即政策输出。政策输出的本质就是政策的社会化过程,包括政策监控、公众反馈、政策评估等环节。这些环节能够修正环境政策,避免在政策执行和政策认同时产生偏差,确保政策目标的实现。政策输出是一个长期的社会化过程。在这一过程中,政府、媒体和公众的思想观念、政策认知、政策态度和政策评价等都会发生一定的转变。政策输出的目的就是将政策完成从政治性到社会性的转变,转变的关键就是形成政策共识。

政策认同是循环反复的过程。政府、媒体和公众表达诉求,并对各方诉求做出回应。在这一过程中,部分公众会对政策产生认同,成为政策认同者。部分政策抗拒者继续向政府和媒体输出诉求,这些诉求又通过微博平台反馈到舆论场,促使政府对政策进行及时的修正和优化,使政策完成再生产。经过政策输入和政策输出的循环反复,最终完成政策认同。

7.3　微博空间内生活垃圾分类政策的认知建构

笔者主要关注在生活垃圾分类政策认同过程中,政府、媒体和公众在政策认知、政策情感以及政策评价上的变化,以及其政策认知、政策情感和政策评价如何趋于一致,形成最终的政策认同。因此,本章依托清博大数据平台,在数据抓取时以"生活垃圾分类""垃圾分类"为关键词,抓取了新浪微博 2019 年 1 月 1 日至 2020 年 12 月 31 日有关"生活垃圾分类"的微博及评论内容。通过数据挖掘与清洗,共获取内容样本 308088 条。此后运用聚类分析法、内容分析法对数据进行分析和处理,以期了解微博空间中生活垃圾分类政策传播中,政府、媒体和公众在政策不同阶段的政策认知、政策情感、政策评价。

隐含狄利克雷分布(Latent Dirichlet Allocation,LDA)模型包含词、主题和文档三层结构,其本质上是一个多层级的贝叶斯概率图模型。作为自然语言处理中的重要数据挖掘方法,LDA 模型能将文档中的主题以概率分布的形式呈现,并且还能展示单个主题下的主题词项。作为经典的关键词提取法,TF-IDF(Term Frequency-Inverse Document Frequency)能够衡量文本的重要程度[247],它可以测算出不同阶段文本的权重值。

7.3.1　政府认知

自改革开放以来,我国城镇化进程加快,城镇人口的猛增带来的巨大垃圾量超出了城镇环境的自净能力,这为城市的生活垃圾处理带来了诸多问题。政策系统理论认为,政策行为来源于冲突,这些冲突实质就是问题和现象的反映。随后,冲突会得到社会的关注,与此同时,部分群体、一些官员会将其带入政治系统。面对经济效益和环境效益的矛盾、发展和保护的冲突,政府作为人民的服务员,必须在第一时间感知并做出反应。

1. 政府认知话题概括

对数据进行分析与处理后,得到政府认知的话题特征词分布。结合每个话题对应的评论内容,对该话题进行概括,如表 7-1 所示。

表 7-1 评论话题特征词分布

话题编号	话题特征词	话题概括
话题 1	工作、生活、推进、进行、情况、召开、开展、管理、街道、社区、城市、会议、相关要求、调研、培训、进一步、做好、落实、组织、部署、单位、检查	开展调研工作,进行相关培训
话题 2	环境、建设、农村、生态环境、发展、美丽、生态、文明、城市、绿色、中国、生活、治理、整治、乡村、提升、环保、人居、社会、国家、推动、改善、项目	推进绿色发展,建设美丽家园
话题 3	处理、生活、收集、回收、口罩、处置、设施、运输、实现、建成、垃圾处理、系统、利用、投放、医疗、收运、有害、废物、厨余、资源化、可回收	建立垃圾分类处理系统,按规定将口罩进行分类处理
话题 4	活动、社区、宣传、开展、居民、知识、环保、志愿者、生活、主题、街道、文明、参与、现场、组织、进行、意识、服务、志愿、党员、发放、绿色、行动	推动生活垃圾分类知识宣传,提高环保意识
话题 5	微博、转发、检察、安徽、干湿、发布、重要、生态、环境、转存、环保、废弃、废旧、投入、注意、平安、和谐、分享、窗口	转发相关微博内容,强调干湿分离
话题 6	城管、执法、投放、生活、管理、单位、执法局、北京、做好、塑料、综合、问题、检查、中队、改变、地球、部门、处罚、规定、行政、罚款、容器、收集	城管加大检查力度,严格惩处个人不分类行为
话题 7	口罩、使用、佩戴、疫情、生活、防控、新规、人员、一次性、消毒、施行、防护、影响、医用、标准、用品、北京、新型、信息、发布、一批、隔离、浙江、以上、禁止、健康、肺炎	防控期间明确口罩分类标准

话题编号	话题特征词	话题概括
话题8	小区、居民、生活、投放、街道、垃圾桶、社区、试点、示范、智能、目前、积分、定时、工作、定点、模式、全市、覆盖率、回收	公布垃圾分类示范区，实施投放积分和兑换服务
话题9	生活、上海、实施、正式、成都、管理、条例、城市、标准、指南、可回收、施行、发布、全国、标志、有害、条例、北京、厨余、重点、强制、立法	发布城市生活垃圾分类管理法，推广垃圾分类指南，强制垃圾分类
话题10	生活、城市、工作、2020、发布、推进、公共、启动、机构、全面、我市、实施、方案、全国、城区、开展、行动、覆盖、头条、绿色、实施	2020年继续全面有序推进垃圾分类行动

从话题概括和话题特征词来看，政府认知贯穿于生活垃圾政策传播的三个阶段。从前期的法规条令的制定、相关知识的宣讲、生活垃圾分类的指导到中期的激励方案、落实情况，再到后期的惩处检查等，政府都进行了充分的认知。

图7-3表明政府对生活垃圾分类政策的认知情况。其主要集中在转发微博相关知识方面，强调干湿分离（24％）、生活垃圾分类宣传（19％）、开展调研和培训（12％）等，由这10个主题的呈现可知，政府在认知过程中，主要从颁布的政策内容和政策价值两方面出发。其中，政策内容是公众用来践行生活垃圾分类的依据。政策价值表明该项政策实施的意义性，生活垃圾分类政策主要是以减少污染、保护环境为价值。话题2和话题4皆表现了政策价值。

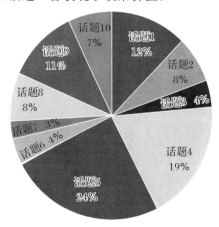

图7-3 生活垃圾分类政策政府认知主题占比

2.各阶段政府认知的比较

政策认知是进行政策认同的第一步。根据政策传播的三个阶段，即政策酝酿期、政策试点期和政策扩散期，政府、媒体和公众是进行政策认知的三个主体，在不同的阶段，政府、媒体和公众对于政策的认知也在发生变化。

由图7-4可知，不论在政策传播的哪一个时期，政府都致力于对政策的正面宣传和认知。同时，政府通过对垃圾分类相关工作进行转发促成公众的正面认知。根据政府转发微博的内容来看，主要是各地政府对实施垃圾分类所做的努力，如雅安市设置85名生活垃圾分类指导员、播放生活垃圾分类的宣传片等；还有各省市实施生活垃圾政策以来取得的成绩，如生活垃圾分类示范片区的入选、减排量和垃圾回收利用率达到目标等。政府通过发布已经实施的工作汇报，向上级部门和公众传播政策实施情况，通过透明、公开的信息为媒体提供政策报道素材，同时为公众解答部分政策问题。

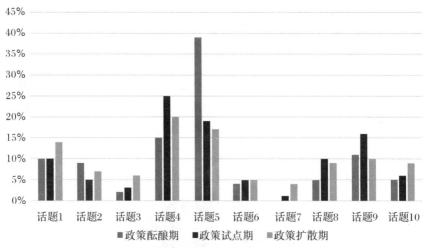

图7-4　生活垃圾分类政策政府各阶段认知占比

另外，从各主题的趋势可知，在政策酝酿期，政府侧重于强调干湿分离以及对政策进行转发。以"干湿"划分似乎对生活垃圾分类的标准界定过于简单，其实，"干湿垃圾"的分类方法能够有效提高垃圾回收率，更重要的是能普及垃圾分类知识，培养公众进行生活垃圾分类的意识，这为后续生活垃圾分类工作的开展奠定了坚实基础。在政策试点期和政策扩散期，大量公众进入微博空间参与"生活垃圾分类"的讨论。政府作为具有决策权的一方，对政策的认知从政策内容和政策价值转移到了公众诉求。各地政府因地制宜，颁布地方生活垃圾管理条例。条例对生活垃圾分类标准进行了细化，体现了政府在政策认知中表现出循序渐进的特征。在生活垃圾分类政策中,政府的态度经历了由倡议到鼓励再到强制的转变,强制性措施其实是政府合理合法地运用其公权力,通过出台法规等硬性规定,如混合罚款等,对公众的行为进行强干预。政策试点期是政府进行强干预行为的开始。

在政策扩散期,话题 1、3、7 的占比明显提高。一方面,政府在促进生活垃圾分类时,未考虑到生活垃圾分类工作的可操作性,后期开展调研并进行培训具有一定的延迟性,但同时也表现出政府根据公众诉求,采取及时补救措施,如成立志愿服务队、组织召开专题座谈会等,对特定人群进行培训,帮助公众进行生活垃圾分类。另一方面,2019 年的突发疫情引发公众关于口罩等卫生垃圾如何归类的困扰,政府主动对相关问题进行认知,并明确口罩等医疗废弃物的处理办法,如政府提出健康人群使用后的口罩按照生活垃圾分类的要求处理即可。

3.政府认知的建构

政府对于政策的认知起源于不断恶化的环境,发展于新闻媒体的持续报道和公众的主动参与。从中央领导人指示到各级政府官员的批示,政府部门将该政策同可持续发展战略联系起来,逐渐完善政策认知体系,完成了政策合理化、合法化的过程。在政策推进的每个阶段,政府都要参考自上而下的政策文件和自下而上的信息反馈,对社会问题、政策本身、公共目标和公众诉求展开进一步的认知,并据此完善相关政策,以加强政策落实力度,提升精细化服务水平。在总方针指导下,各级政府因地制宜,制定地方性的生活垃圾管理条令,并在微博平台积极宣传。与此同时,设立生活垃圾分类试点、示范片区,鼓励各区域积极开展生活垃圾分类工作,一系列政策文件的陆续发布和分类工作的不断开展,不仅将垃圾分类的宣传推上热潮,也为全国推进垃圾分类战略布局提供了借鉴和支撑,这表明从政策制定、政策宣传到政策实施,各层级政府在认知层面均达成一致,助推政策举措快速发展。

7.3.2　媒体认知

作为"中间人"的媒体,在环境政策传播中为政府和公众的政策交流搭建了中间平台,以专业化的信息传播优势承担着信息传播和舆论引导的责任。在生活垃圾分类政策实施中,媒体根据自身定位和一定的价值观念传播政策议题,建构公众对政策的认知,满足公众对政策信息的需求。

媒体的属性要求媒体对政策的认知分为两方面,即媒体自身对政策进行认知,以及媒体如何推动公众对政策进行认知。

1. 媒体认知话题概括

对数据进行分析与处理后，分别得到媒体认知的话题特征词分布。结合每个话题对应的评论内容，对该话题进行概括，如表 7-2 所示。

表 7-2　媒体话题特征词分布

话题编号	话题特征词	话题概括
话题 1	口罩、执法、使用、佩戴、城管、疫情、废弃、人员、收集、进行、防控、检查、工作、消毒、问题、处置、部门、北京、容器	防疫期间的垃圾分类处理措施
话题 2	杭州、施行、新规、用品、浙江、微博、转发、禁止、影响、杭州市、城镇、标准、发布、使用	宣传垃圾分类政策新规
话题 3	西安、上海、城市、全国、中国、广州、指南、新时尚、宁波、发布、正式、准备	地方政府推动垃圾分类立法，发布生活垃圾分类投放指南
话题 4	办法、处理、口罩、用过、深圳、病原、家庭、废物、医疗、个人、病人、武汉、资金、1000、激励、补助、通报	确定口罩等医疗废弃物分类标准，实施生活垃圾分类工作激励办法
话题 5	工作、推进、城市、全市、开展、公共、覆盖、机构、实现、我市、全面、街道、记者、2020、城区、试点	确定垃圾分类政策目标，进行垃圾分类工作部署
话题 6	建设、工作、城市、推进、农村、环境、发展、提升、改造、项目、处理、设施、治理、推动、整治、实施、资源化、完成、管理	报道城市垃圾分类进展情况和垃圾分类设施建设情况
话题 7	管理条例、条例、罚款、规定、个人、北京、投放、单位、深圳、实施、草案、处罚、施行、餐具、一次性	确立垃圾分类处罚措施，对一次性餐具收费
话题 8	活动、社区、宣传、开展、知识、环保、志愿者、居民、文明、街道、参与、主题、现场、市民、工作、绿色、服务、举行	推进垃圾分类志愿服务工作，普及相关知识
话题 9	城市、标准、城乡、发布、实施、重点、标志、住房、全国、处理、正式、系统	46 个城市实施生活垃圾分类管理条例
话题 10	小区、投放、垃圾桶、居民、回收、可回收、上海、厨余、有害、智能、定点、定时、收集、市民、积分、处理	定点定时投放，实施积分和兑换服务

　　从媒体主题词的概括和梳理可知,媒体在进行政策认知过程中,和政府保持高度一致,这表明媒体在进行政策认知时,多依赖于权威的、可靠的政策来源主体。

　　图 7-5 体现了媒体对生活垃圾分类政策的认知主题占比情况。话题 10、话题5、话题 8 占据主要地位,这说明媒体注重对政策目标、政策普及以及政策落实情况的认知。政策普及与政策目标是政府和媒体共同关注的重点,但是相较于政府侧重于开展调研与培训工作,媒体则更加重视政策的落实与推进,这是由于其职业属性所致。政府作为整个政策推进的统筹规划者,往往从宏观上进行把控,这使得其对工作方案的调研必不可少。通过调研了解实际情况,以便于政府能收集更多一手资料,及时发现并解决问题。媒体的"第四权力"属性要求媒体反映微观问题,倾听群众的声音,监督政策的落实,在关注落实情况的同时,媒体还会凸显各个城市实施生活垃圾分类政策以来的成效,如微博话题"重温嘱托看变化"是对上海市实施生活垃圾分类 2 个月以来变化的讨论,"不需要志愿者也能进行正确的垃圾分类投放""分类时效显著提升"等体现了政策实施的效果和对成效的强调与关注,表明媒体在推动公众进行认知过程中以正面宣传为主。

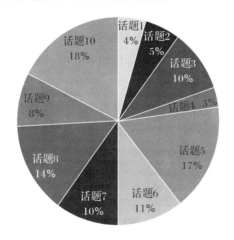

图 7-5　生活垃圾分类政策媒体认知主题占比

2. 各阶段媒体认知的比较

　　图 7-6 是媒体在政策传播各个阶段认知的占比情况。在政策酝酿期和政策试点期,媒体集中于报道生活垃圾分类政策的具体条例,推广分类指南和进行垃圾分类知识的普及。这表明,媒体在初期主要担任生活垃圾分类政策的宣传者和动员者,其有意识通过微博平台积极宣传,以此来改变部分公众的观念,引导公众参与垃圾分类活动。

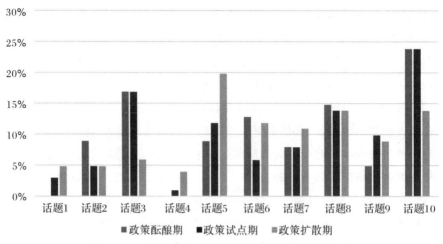

图 7 - 6 "生活垃圾分类"政策媒体各阶段认知占比

在政策扩散期，媒体在不断宣传新规政策的同时，还提高了对于话题 5、话题 6、话题 7 的认知与宣传，具体表现为分类工作进展现状以及疫情期间医疗废弃物如何归类。分类工作进展现状主要包括相关基础设施建设情况、试点城市情况和社区分类情况。在政策试点期，上海市率先实施强制垃圾分类，公众对于垃圾分类的质疑声不断。"垃圾混装混运，那实行该政策还有什么用？""我每天还要定着闹钟去扔垃圾""搬走垃圾桶是什么意思"等负面信息的表达体现了公众对于该政策实施的不满。对于分类工作进展现状的跟踪报道是媒体对于公众的回应，媒体与公众的互动使得媒体对于政策的认知范围不断扩大，除了认知政策本身，还要对政策实施以来的所有正面和负面的情况进行全面感知。在此阶段，媒体依靠专业素养，担任舆论监督者和舆论引导者。

3. 媒体认知的建构

媒体认知的来源主要是政府颁布的文件和公众的诉求表达。媒体是政策跟踪报道、解读、监控和评估的中坚力量，更是社会发展的"黏合剂"。在媒体形态和舆论环境发生变革的当今社会，媒体的正确认知能够帮助媒体及其工作者迅速明确工作任务，快速且准确地进行传播。在政策酝酿期，媒体需要及时宣传党和政府的政策，这要求媒体必须对政策实施的原因、目标、内容以及政府的工作部署有一定的了解，此时，媒体和公众的认知需求保持一致。在政策试点期和政策扩散期，媒体作为舆论监督者和引导者，起到承上启下的关键作用。一方面，媒体要按照新闻规律，采用各类传播渠道和多样化呈现方式，自上而下持续宣传、报道政策进程，使公众了解垃圾分类政策的目的，号召人人参与垃圾分类，从而提升环境政策执行的力度和精度;另一方面,媒体还要了解公众诉求,担任好民情民意的"晴雨表",为公众答疑解难,促进公众正确的政策认知,协助政情民意的有效沟通。

7.3.3 公众认知

公众的媒介话语权伴随着新媒体平台的发展而提升,由于"公民赋权",其对社会公共事务的参与欲望提升,在生活垃圾分类政策传播过程中,公民在以微博为主的社交平台中参与政策讨论,对政策提出建议和反馈。

1.公众认知主题词概括

对数据进行分析与处理后,分别得到公众认知的话题特征词分布。结合每个话题对应的评论内容,对该话题进行概括,如表 7-3 所示。

表 7-3 公众话题特征词分布

话题编号	话题特征词	话题概括
话题 1	垃圾分类、文明、做好、一起、参与、美丽、家园、共同、干湿、准备、美好、绿色、人人	共创美好家园,人人应参与垃圾分类
话题 2	垃圾分类、生活、工作、城市、投放、开展、社区、实施、标准、居民、处理、正式、执法、管理	垃圾分类进社区,号召居民进行垃圾分类
话题 3	垃圾分类、中国、日本、新时尚、认真、学校、环保、做起、国家、生态、环境	学习日本垃圾分类措施,保护环境
话题 4	微博、转发、快转、平台、视频、直播、公众、城管、同行、关注、群众、查看、举行、示范	转发关注垃圾分类政策
话题 5	垃圾分类、挑战、处理、口罩、发布、病原、医疗、人员、社区、街道、病人、生活、普通	发起垃圾分类挑战,合理处理医疗废弃物
话题 6	垃圾分类、上海、可回收、有害、北京、厨余、属于、回收、简单、实行、知道、应该、人民、居民、罚款、全国、指南	上海率先实行垃圾分类,对不分类行为进行罚款
话题 7	垃圾分类、环保、活动、宣传、生活、绿色、知识、实施、社会、从我做起、正式、环境、资源	实施垃圾分类,从我做起
话题 8	地球、保护、改变、可能、使用、孩子、垃圾、塑料、外卖、回收、减少、拒绝、做好、分类、做到、塑料袋、低碳、餐具、一次性、包装、绿色、出行、全球、行动、节约、绿化	保护地球,促进垃圾回收利用,减少一次性餐具使用

话题编号	话题特征词	话题概括
话题 9	一起、分类、希望、垃圾、学会、努力、立法、奔跑、垃圾、处理、环保、第一次、朱亚文、公益、食物、浪费、能量、现场、推动、减少	减少食物浪费，学会垃圾分类
话题 10	垃圾分类、垃圾桶、小区、城市、时间、重点、地方、垃圾袋、定时、投放、定点	定点定时投放，一些城市开始实施垃圾分类
话题 11	垃圾分类、环境、保护、环境、人人有责、才能、环保、降解、爱护、世界、普及、理念、奔跑、填满、进社区、减少、填埋、加入、生活、宣传	开展公益宣传活动，普及知识
话题 12	垃圾分类、板块、好像、防汛、给力、一起、城市、刻不容缓、城管、守护、市场、防疫、并肩而行、绿色、生态、松懈	垃圾分类工作刻不容缓

公众对于政策认知的话题共有 12 个，这 12 个话题可以概括为宣传生活垃圾分类政策（话题 4、话题 12）、分类工作进展状况（话题 5、话题 6、话题 10）、垃圾分类指南普及（话题 3、话题 11）、号召呼吁践行分类（话题 1、话题 2、话题 7、话题 8、话题 9）。

由图 7-7 可知，公众注重对于生活垃圾分类政策的宣传。公众积极转发政府颁布的政策，将政策及时传播和扩散，表明公众对于该政策的认可。同时，转发、传播等行为也表明公众在进行自我认知的时候不忘推动其他公众提升认知。一定程

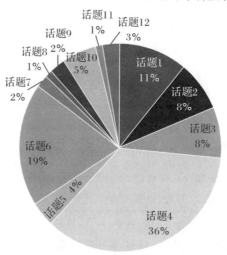

图 7-7　生活垃圾分类政策公众认知主题占比

度上,公众和媒体也保持着高度的一致性,公众和媒体同样关注垃圾桶数量、垃圾运输车和垃圾处理、不分类罚款等垃圾分类的工作进展状况。

2.各阶段公众认知的比较

图 7-8 体现了公众在各阶段关于生活垃圾分类政策认知的情况。在三个阶段中,公众表现出明显的倾向性,他们积极转发政府颁布的政策和分类指南。一方面,政府根据现状及时调整政策,由于政策不断补充与更新,公众的认知行为具有连续性;另一方面,地方实施强制性的政策工具,通过监督、罚款等硬性规定规范公众的行为,这与公众的利益息息相关。紧跟生活垃圾分类政策,了解政策变化可以帮助公众进行正确的垃圾分类,从而保障相关利益。

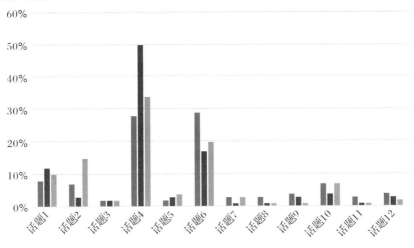

图 7-8　"生活垃圾分类"政策公众各阶段认知占比

另外,公众热衷于号召其他人参与生活垃圾分类活动,而且由第一阶段到第三阶段不断加强。前期政府对于政策议题的建构、媒体对于政策的宣传解读扩大了公众的政策知晓率;后期政府和媒体对公众的质疑解答和垃圾分类工作的进展促进了公众对于垃圾分类践行意义的了解和对工作进展的信心,呼吁践行分类的主动性和积极性不断加强。在政策酝酿期,政府借助媒体对政策性议题加以扩散,政府和媒体率先将"上海市将强制实行垃圾分类"这一信息传递给公众,有效地提高了政策知晓率。如话题 9 中"奔跑""朱亚文"等关键词表明明星作为公共人物以及特殊意见领袖的重要性。明星拥有牢固的粉丝群体,他们的宣传具有感染力与感召力,能起到事半功倍的效果。《奔跑吧兄弟》2019 年第一期以"生活垃圾分类"为主题,介绍每天市民产生的生活垃圾以及垃圾分类的好处。节目中众多明星纷纷倡导公众要进行垃圾分类，保护环境，在偶像的带领下，粉丝也积极主动加入到垃圾分类的队伍中。在政策试点期，由于生活垃圾分类政策首次在我国强制实施，公众的关注度和质疑度较高。面对公众的质疑，政府和媒体采取积极的报道视角，呈现工作业绩和社区的分类情况，为公众解除疑虑，让公众充分了解垃圾分类政策实施的效果。公众进行垃圾分类，在微博平台@官方，就可以为城市、企业助力。而且，澎湃新闻、《中国日报》、微博热点等官方媒体还通过微博投票的方式，强化公众对于垃圾分类标准的认知。在政策酝酿和试行的铺垫下，政府和媒体持续推进对生活垃圾示范片区和取得成绩的宣传，公众对于政策实施的信心增加。

3.公众认知建构

公众主动或被动地对政策进行认知，这一过程自觉或非自觉地受到个体知识储备、政治观念、行为习惯等因素影响，与当今的媒介生态、社会文化、政治环境等一同处于复杂的交织流动关系之中，体现了公众个体与诸多社会因素的动态交互。在政策酝酿期，公众按照差异化的个体习惯，主要通过线上或线下等多种渠道阅读、了解政府发布的政策，对政策进行整体认知，包括政策实施的目标、生活垃圾分类的标准、惩罚措施和政策价值。在政策试点期，公众在与媒体的议程互动中完成进一步的认知，相较于政策酝酿期，此阶段公众更倾向于主动感知身边政策落实情况以及政策落实中不合理的地方，他们会动用群体力量在微博上发表意见、给出反馈、形成舆论，经过不同意见螺旋的互动与整合，推动个体或群体议程上升到社会层面，从而引起媒体关注与政府回应，促进垃圾分类政策的完善。在政策扩散期，同样涉及个体、社群、媒体以及政府的互动博弈，此间全国46个城市相继开展生活垃圾分类工作，由于每个地方的政策不完全一致，公众还要继续对政策更新的部分进行深入了解，以提出进一步的意见建议。另外，政府和媒体为了消除公众表现出来的疑虑，加强了对分类工作现状的宣传力度，比如基础设施的更新、垃圾处理系统的建立等，双向的信息交互有效夯实了公众的政策认知。

■7.4　微博空间内生活垃圾分类政策的情感建构

政策情感是目标群体在政策进行认知基础上的心理倾向。一般来说，政策情感与政策评价之间存在正相关关系。公众的情感认同度越高，政策评价也就越高，政策落实情况也会更好。在政策认同过程中，充分认知促成公众对于该政策的情感倾向。

7.4.1　情绪设置

议程设置说明媒体在公共话题、社会热点的讨论中,能够告诉人们"想什么"。徐翔沿着议程设置的理论和逻辑,提出"情绪设置"[248],他认为,媒介在影响人们以什么样的情绪想、说方面,有足够力量的作用和效果。情绪设置具体表现为情绪感染和社会扩散、情绪启动和动机性加工、情绪的螺旋和情绪的偏向,情感认同表现为正面、中立和负面,李然等多名学者认为,这种分析方法是粗粒度的情感分析[249]。

1.情绪感染和扩散

政策传播常常伴随着情感传播。情感传播以人们的情绪为主要表现形式,出现情绪的传染和扩散,并且呈现出群体性的特点。在政策传播中,政府和媒体对于政策的宣传和阐释能够多方位地唤起、调动公众的情绪,个人情绪由此被建构。另外,由于个人身处在社会中,情绪也必然会受到所处环境的影响,网民意见汇集在公共空间,个人极易通过意见气候感知情绪气候,为了避免被孤立,个人会接收多数网民的情绪来调节自我的情绪。而且,一些有影响力的微博大 V 或组织,他们的情感表达也广泛影响着公众。在微博平台这种社会化的传播过程中,情绪传播链条易形成。社交网络的同质性表明公众往往偏向于和自己相像的人建立联系,如果一个人周围充满快乐的人,那么他更可能获得快乐[250],这意味着,在社会网络中的情感关系也是影响公众情感的一大因素,意见领袖的影响、社会网络的同质性都使情绪设置成为现实。

在生活垃圾分类政策实施中,政府颁布的政策率先在微博平台引发讨论,媒体持续对政策进行传播、解读,政策宣传中关于环境现状和环境目标的描述及其本身自带的公信力和官方话语权唤起公众对于环境问题的担忧。在政策试点期,担忧的情绪逐渐因为不合理的措施转化成不满和愤怒。在网络舆论中,情感是推动舆论事件发展的根本动力。它基于事实原型形成表层叙事,因此更具感召力、影响力[251]。政策扩散期间,政府和媒体对于公众的诉求展开相应的回应,部分解决了公众关于垃圾分类的问题。另外,随着政策的开展,公众对于既定的事实开始表现出接受和认可,情绪呈现出中立或者正面态势。

2.情绪启动与动机性加工

情绪启动是指在情感传播中,通过先前材料的展示,公众对后续材料的认知、心理加工产生更为异化的情绪色彩[252]。在生活垃圾分类政策中,最初的政策认知奠定了后面的情感基础,秦敏辉等人对通信软件中的表情图传播进行研究，得出被试者在负性情绪启动后倾向于将中性靶判断为负性，反之亦然[253]，这验证了大众传播中情绪的启动效应，而且，公众对于与自己息息相关的信息具有高度敏感性，对于信息的接收和反馈会呈现出情绪的一致性加工。在政策传播中，公众在了解和认知生活垃圾分类的信息后可能会高估环境问题的严峻性，也往往表现出个人记忆与情绪的一致性。"易接近性"假说表明，与积极的情感状态的联系会使得记忆中其他类似的材料更加接近。在政策试点期，公众关于上海市执行垃圾分类政策的讨论也不断蔓延至政策扩散期。记忆与情绪的一致性使得公众会提前做好应对准备，并对情绪等要素进行提前设置和加工。

3. 情绪的螺旋

在"沉默的螺旋"中，公众介于群体压力和从众心理，某种主流意见持续增长，造成劣势意见的式微，优势意见螺旋上升从而大声疾呼，情绪的螺旋也与之相似。在政策传播中，公众在社会化过程中不断感知和比较社会情境，受到"情绪气候"的影响，从而调整自己的情绪，而情绪在扩散传播中基于双向的互动与反馈。

生活垃圾分类政策的传播是群体性的媒介事件。微博平台贯通了政府、媒体和公众的互动渠道和反馈渠道，使得情绪的感染、情绪的螺旋被无限放大，公众随便一句关于生活垃圾分类政策的"吐槽"就有可能在情感传播中成为舆论热点，从而引发"情绪的洪流"。此外，公众愤怒情绪的传播还具有启动快和时间集中的特征[254]，如在垃圾混装混运方面，不少公众表示辛辛苦苦进行垃圾分类，但是不同类型的垃圾却由同一辆垃圾车运输。这些情绪表达迅速在微博平台引发热议，呈现出情绪同质化和情绪螺旋的状态。

4. 情绪的偏向

伊尼斯在《传播的偏向》一书中提出了媒介对于"时间"和"空间"的偏向。在大众传播中，对于情绪的偏向也是不可忽视的。情绪的偏向体现在政策传播的始终。对于媒体而言，一方面，在政策传播过程中，媒体倾向于对情感的正面宣传和正面报道。公众对正面情绪的感知能够更加有效地推动政策执行。另一方面，媒体在上传下达中，通过对情绪气候的感知，能够更为准确地进行舆论监督和舆论引导。对于公众而言，他们虽然热衷于对政策的转发，以此表现自己的积极情绪，但是一些人更加偏爱表达负面情感，通过情绪的宣泄扩大舆论声势，倒逼政府解决实际问题。

7.4.2　情感呈现

通过对生活垃圾分类博文中政府、媒体和公众的内容抓取,得到政府、媒体和公众各阶段的情感趋势图,如图 7-9、图 7-10、图 7-11 所示。

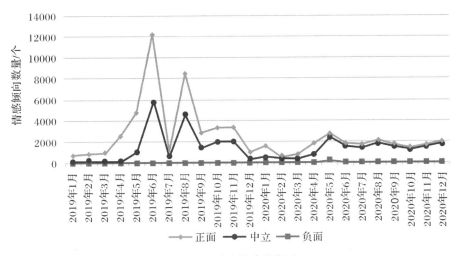

图 7-9　政府情感趋势图

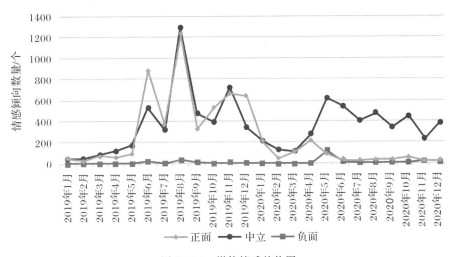

图 7-10　媒体情感趋势图

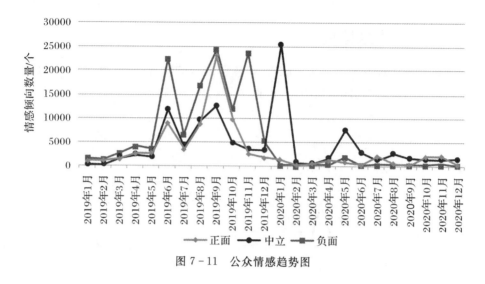

图 7-11 公众情感趋势图

由图 7-10 和图 7-11 可得，政府和媒体在情感方面的走向大体一致。情感趋势出现 4 个小高峰，分别是 2019 年 6 月、2019 年 8 月、2019 年 11 月和 2020 年 5 月。2019 年 1 月，上海市正式通过《上海市生活垃圾管理条例》。6 月，政府和媒体开始大力宣传生活垃圾分类政策，为后续政策的实施做铺垫。7 月，强制性的生活垃圾分类政策在上海正式执行，这一决策使得关于垃圾分类的探讨达到顶峰，持续性的情感输出也随之到达顶峰。随后，全国 46 个城市正式开始垃圾分类工作，由 1 个城市到 46 个城市，政策执行的主体范围扩大，政策讨论的范围也随之扩大。2020 年 5 月，两会召开，两会关于生活垃圾分类做了明确的规划，会议建议将政策试点区经验归纳总结，统一全国标准。要利用好大数据和科技，建立相关平台，将数据量化成具体指标。关于农村地区的生活垃圾分类工作脚步可适当减缓，以点到面，政府对于生活垃圾分类的关注点逐渐扩散到农村地区。

作为政策的决策者，政府理应在政策情感上保持正面的态度。政府的理性、科学、基于事实的态度对于政策的执行具有深刻的影响力。在社会化信息的传播过程中，积极的情感能够促进公众的转发、点赞和评论，政府中立和正面的态度能够提高公众对于该政策的认可度。如果政府呈现出大范围的负面情绪，那么该项政策的说服力和可信度也会大大降低。媒体的客观性原则要求媒体在宣传过程中保持客观和中立。媒体对于生活垃圾分类政策的正面宣传表现在媒体号召公众进行垃圾分类、持续报道垃圾分类取得的成效和垃圾分类工作的进展三方面。媒体的正面宣传不仅是对公众负面情绪的疏导，也是对公众正面情绪的培养。相较于政府和媒体，公众的情绪波动比较大，出现了 4 个峰值。前 3 个峰值中，公众的负面情绪占据上风。2019 年 5 月份开始,公众的负面情绪呈猛烈增长趋势。在这个阶段,公众对于政府强制性政策工具的使用、政策不科学不合理、政策不切实际等表示不满。

2019 年 7 月 1 日,身处上海市的公众基于同一个政策的规范,他们面对同样的处境,主要关注政策的实施情况。这一阶段,是负面情绪的顶峰,公众的负面情绪表现在垃圾混装混运、定点定时投放、基础设施建设三方面。

进入 2019 年 10 月,上海市的垃圾分类政策已经实施了 3 个月,公众的负面情绪还存在。

除了负面情绪,公众对生活垃圾政策也存在中立和正面情绪。2019 年 8 月至10 月公众的中立情绪与正面情绪走向一致。持正面情绪的公众认为,生活垃圾分类的实施有利于保护环境,促进绿色发展。

进入 2020 年以来,政府、媒体和公众对于生活垃圾分类政策的情感趋势趋于平稳。

7.5　微博空间内生活垃圾分类政策的评价建构

政策评价基于政策认知和政策情感。公众对于政策进行评价能够检测政策的效果,促进决策的民主化和科学化。在微博平台,围绕生活垃圾分类政策的传播、发展和变化,公众通过互联网表达对政府的态度。这些意见不断聚集,通过转发、点赞或者评论的方式呈现,构成了公众对于生活垃圾分类政策的评价。笔者将以公众在微博平台的转发、点赞和评论数为数据支撑,研究在不同阶段,政府和公众对于生活垃圾分类政策的评价情况。公众转发、评论、点赞数如图 7 - 12 所示。

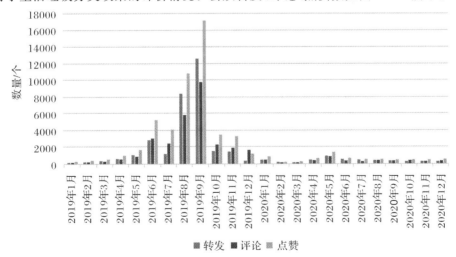

图 7 - 12　公众的转发、评论、点赞数

7.5.1　政府评价

1.公众参与积极性低

总体来看，对于政府来说，公众参与生活垃圾分类的积极性低。公众是政策执行的目标群众，是政策执行效果的直接影响者。政府对于政策的评价应该重视公众对政策的参与度，公众的参与能够让政府及时了解公众对于生活垃圾分类政策的意见，以此促进政策的调试与优化。博克斯在探讨公民资格问题时，将公民分为"积极参与者""搭便车者"和"看门人"，他认为公众无法积极参与政策的原因有两个：一是政策参与制度设计的不完善；二是公众认知的障碍。微博平台虽然打通了官方舆论场和民间舆论场的通道，让公众能够通过微博问政等方式直接提出自我诉求，但是在评论里只有公众"清一色"的发言，很少能看到政府、媒体和公众的直接互动。对于公众提出的政策措施不科学、政策推进脚步过快等问题，一些政府和媒体没有进行针对性的回应，而是利用煽情性的视频和图片来提高公众对于生活垃圾分类政策实施急迫性的认知，从而提升公众进行垃圾分类的决心。虽然在短期内煽情性的政策宣传能够改变公众关于政策的态度和评价，但是当公众长期实践起来，类似的问题还会持续出现时，就会影响公众参与垃圾分类的积极性。

2.局部政策成效好，整体欠佳

公众参与的积极程度直接影响着政策执行的效果。生活垃圾分类政策一直处在调试和优化的状态。经过政府和媒体的努力，一些地方的公众已经养成垃圾分类的习惯，并且成效良好。据澎湃新闻报道，上海市生活垃圾分类"三增一减"的效果趋于稳定。相较于2019年《上海市生活垃圾管理条例》施行前，2021年上半年各类型的垃圾量都得到了大幅度的增长，尤其是有害垃圾量和可回收垃圾量，呈倍数增长。同时，上海市还将垃圾分类知识纳入上海市初中学业水平考试，从小培养公众的环保意识，公众的垃圾分类意识不断提高。但是从全国来看，虽然很多城市都颁布了生活垃圾管理条例，但存在盲目跟风、一时兴起、政策落实形式化等问题。多数城市在颁布条令伊始大喊口号，严格监督，甚至还出现垃圾桶供不应求的状况，然而城市道路上的基础设施却还没有完全改善。

7.5.2　公众评价

1.政策酝酿期和政策试点期：负面评价为主

由图7-12可知，政策酝酿期的前期和政策扩散期的后期，公众关于生活垃圾分类政策的转发、评论和点赞数较少。公众是践行垃圾分类政策的主体，在政策酝酿期和政策试点期,大多数公众是强制性垃圾分类事件围观的第三方。他们身处政策执行地之外,一方面对生活垃圾分类政策的价值给予高度的评价,但另一方面又感慨实施垃圾分类政策的艰难,担心自己所在的城市也实行垃圾分类。在政策试点期,公众参与垃圾分类政策讨论的热度较高,此时上海市民是被强制进行垃圾分类的第一方,作为舆情当事人,他们主动在微博平台行使表达的权利,以此来推动生活垃圾分类政策的改进。早在 20 世纪末,就有西方学者指出"图像具有文字不可比拟的社会动员力量和话语建构能力",由图像衍生出来的表情包、自嘲式的调侃成为他们对抗式的表达方式。在传播过程中,这些表情包以文字、图片、动作、情绪等多种因素的融合代替生硬的文字,通过多模态话语的综合性使用调动人类多种感知通道,尤其提升视觉模态的传播效果。相比单一文本话语,图文搭配至少具有更强的视觉冲击力和吸睛能力、"视觉形象＋口号简洁"的形象理解与认知、以大众熟知原型叙事的丰富复调信息等优势。在生活垃圾分类政策的讨论中,表情包主要来源于公众的自发创作,其内容体现着部分公众对于强制性垃圾分类的无可奈何。由于涉及广泛的公共利益,生活垃圾分类这一议题刺激了公众的敏感情绪,互联网为信息聚合提供平台,在虚拟空间内,话语成为网络抗争的重要武器,线上狂欢同时也对线下行为施加影响,联动成为新的场域,共同彰显着新一代网民的政治参与和集体行动逻辑[255]。

这一阶段以负面评价为主要导向,民众的质疑声高涨。虽然政府和媒体就公众诉求也进行了回应,但是这种回应具有滞后性,缺乏针对性,不能在短期内缓解公众的负面情绪,负面情绪成为公众进行负面评价的依据。

2.政策扩散期:正面评价为主

在政策扩散期,生活垃圾分类政策已大范围推广。不少公众将严肃呆板的垃圾分类条令改编成诙谐简洁的垃圾分类歌,为相关话语丰富了表达模态,在音频、视频、动画等的共同作用下,进一步推动了垃圾分类知识的普及,提升了传播效果。在此阶段,公众的政策认知和情感倾向已经逐步建立,在政府和媒体的引导下,在社区和志愿者的帮扶下,在罚款和巡查的规定下,公众的垃圾分类意识有所提高,针对前期的定时定点投放垃圾等不满诉求,政府也给予了关注和回应。上海市相关部门表示坚持"一小区一方案",在推行定点定时投放垃圾的基础上根据小区的特殊情况予以调整,并且要求研究误时投放的解决方法,同时,政府和媒体在引导方式上也积极顺应公众讨论的多模态话语趋势,在方言、代言人等方面着力,抓住公众的兴趣点,及时通过活泼严谨的话语扭转民间舆论场的负面态势,使其与官方舆论场趋于一致。这些对于公众诉求的回应都在消解公众的负面情绪,从而出现正面评价的趋势。

第 8 章

新媒体环境下环境
政策的传播策略

■8.1 三方互动的整体表现特征及共治建议

由于政府、媒体和公众所代表的立场和传播话语权力不同,三方对于环境政策传播的关注点与表达也存在一定程度的差异。在新媒体语境中,政府、媒体和公众并非是完全割裂、互不影响的,三者在环境政策传播过程中相互交流、形成互动,在传播的过程中,其议题逐渐重合或愈加偏离。在环境政策传播过程中,三者议程的相关性越高,议题重合度越高,就越有利于政策被公众理解与认同,其传播效果就越高,反之则反映了该环境政策在传播过程中存在议题偏差现象,政府和媒体对相关议题的舆论引导有效性较弱,三者议题并未实现"同频共振"。

在生活垃圾分类政策实施过程中,笔者发现,多元主体在议程互动的过程中存在一些问题,影响了该环境政策传播的有效性。

8.1.1 政府注重政策内容和政绩宣传

在环境政策的传播过程中,政府通常以行政告知的口吻将信息发布,通过陈述句对有关环境政策进行公文式交代,表述方法以官方话语为主,多为模式化语言传播"冷冰冰"的政策内容。面对公众提出的质疑,有些政府往往采取不回应的态度或不恰当的回应方式。在政策执行过程中,政府发布的微博更多以工作方案和当地政府政策实施政绩为主要传播内容,并未对政策在实施过程中遇到的诸多问题予以回应。事实上,环境问题的解决需要公众的配合与参与,仅公布政策显然不够,政府还应当关注公众在政策执行层面的真实需求,在社交媒体平台进行及时回复,并借助新型传播工具进行更具感召力的政策传播。随着新媒体技术的快速发展,公众议程已成为能够影响政策的重要因素。但从研究结果来看,政府和公众之间的互动模式缺乏有效性。在新媒体语境下,公众可以通过微博、微信、地方领导留言板、市长信箱、电子邮件、政府网站、市长热线等方式,向官方表达自身对环境政策的意见,但在生活垃圾分类政策传播中,公众大多通过媒体了解政策内容,在媒体微博下的评论数量高于政府微博,很少向政府直接反映问题。

上述问题反映了新媒体环境中,有些政府在环境政策信息内容的传播格局中仍然保持着传统的"自上而下"的角色,未改变传播源的"精英视角",从而导致了脱离公众、忽视政策反馈的现实情况。在该背景下,公众对政府所开辟的"民间渠道"产生了质疑与失望,从而选择了媒体"曝光"的形式反映对政策的意见建议。

8.1.2　媒体信息局限且忽视公众意见

相比政府和公众,媒体有关生活垃圾分类政策的博文数量较少,且着重对政策内容、政策实施通知和政策执行效果进行报道,内容较为单一。媒体在该环境政策传播的过程中扮演了政策"传声筒"和"监督者"的角色,其通常在政策传播中采用来自政府的信息,在增强信息权威来源的同时,也片面地将公众置于其次。

通过内容分析,生活垃圾分类政策中媒体议程和公众议程相关性较弱,媒体缺乏对公众舆论的引导力。在环境问题日益突出的今天,人们对环境政策信息关注密切。公众在宣泄情绪的同时,不乏有一些"真知灼见",提出对政策的合理性意见,有助于推动政策完善。但是,媒体对生活垃圾分类的报道缺乏对公众意见的反映,忽视了公众的态度,有可能会引起公众的负面情绪,进而影响政策实施进程。媒体对于环境政策的议程设置内容较少,在传播格局中扮演着中介的角色,但存在片面引用政府信息、脱离公众等问题。生活垃圾分类政策作为一项国家支持、具有重要意义的环境政策,需要动员社会全体积极参与到政策实践中,媒体作为议程组织者,应当以积极推进的态度动员公众,但在动员的同时,不应忽视政策在实施过程中现实存在的问题,而应当以包容的姿态传播政策信息。

8.1.3　公众多情绪宣泄少建设性意见

公众通过社交媒体参与政策传播过程,其微博及评论内容是其"媒介素养"的体现。在生活垃圾分类政策实施过程中,公众对于议题的参与度较高,积极发言,针对该政策发表了诸多看法。但是在内容分析的过程中,笔者发现,虽然公众对环境政策十分关心,能够积极参与议题讨论,但存在许多情绪化的宣泄,如对政策的质疑、对政策到来的恐慌、对政策的口号式欢迎等,较为缺乏深层理性的分析与判断。

　　新媒体平民赋权唤醒了公民的参与意识，公众能够以主人翁的姿态参与管理国家社会事务，是现代行政民主的体现，政民互动是必然的结果。在这个过程中，二者相互影响，政府希望在互动中引导公众舆论，公众则期望影响政府议程，从而在政府决策中体现公民意志。但是在环境政策议题中，公众大多以"吐槽"为参与内容，缺少真正向政府反映民意、建言献策的公民微博。公众积极参与，呈现了主动设置议程的姿态，公众通过媒介参与生活垃圾分类政策的现实案例，反映了在环境政策传播过程中公众媒介素养的优缺点。公众在一定程度上不可避免地沦为了被动的信息接收者，尽管在传播量层面呈现了指数级增长，但由于内容质量低，未能形成合理有效的舆论，在传播格局中仍处于接收端而非传播端。

8.2　环境政策新媒体动员效果的提升建议

8.2.1　动员主体层面

1.注重基础建设，打造专业化政务微博

　　研究结果表明，主体变量对政务微博的生活垃圾分类政策动员效果影响显著，为政务微博的主体建设提供参考。政务微博在开设账号时，应当注重基本信息的规范性，包括名称、头像、角色定位和功能介绍等，一方面，更有利于获得新浪微博的官方认证，提高权威性和信息可信度，发挥意见领袖的动员优势；另一方面，可以体现政务微博的专业性，让受众在搜索时能够精准定位，增加用户好感，为后期参与动员工作奠定基础。长期来看，"门面建设"是首要环节，但政务微博的持续发展还需要重视日常管理和坚持一以贯之的工作要求，管理、技术、财政等因素都在其中发挥作用，比如：明确政务微博运营的具体负责人，明确权责划分；坚持角色定位，明确发展过程中的原则和底线；建立专业技术团队，保障政务微博内容质量和风格职能；更新思想观念，加大资金投入等，形成新媒体动员的优势策略和模式。

2.扩大集群网络，构建多元化政务微博

　　研究结果表明，政务微博的粉丝规模和关注规模均对政务微博的生活垃圾分类政策动员效果影响显著，构成了政务微博主体建设的另一个方面，即以自身为中心，不断扩大集群网络，注重和公众及其他政务微博建立关系，通过联动扩大动员活动的范围和影响。具体路径可以借鉴行动者网络理论（Actor-Network Theory，ANT），运营政务微博的政府机构应作为集群网络的中心行动者，借助微博平台，实现政策具体问题化、政策公众利益赋予、征召和动员等协调利益和矛盾的转换环节，利用社会关系网络增强用户信任感，强化生活垃圾分类政策相关内容的公众参与和

动员效果;同时加强和其他政务微博的交流合作,拓宽信息获取的渠道,利用算法推荐增大曝光度,并通过多主体和多平台实现相互引流,促进政策信息的公众动员。

8.2.2　动员环境层面

1. 加强双向互动,政策信息亲民化

研究结果表明,回应频率更高、多使用投票小程序的政务微博在生活垃圾分类政策上的动员效果更好,而回应和投票的本质都是与公众的互动。政务微博是政府发布信息的平台和新媒体时代进行动员的必然选择,但不应只注重平台的迁移,更重要的是变革以往"自上而下"的治理观念和方式。在政府机构主导动员活动的情况下,利用政务微博等新媒体平台实现政民互动,畅通公众发表意见、建言献策的渠道,并充分重视公众的声音。关于生活垃圾分类政策,不少公众对分类标准不够明确,或质疑政府"混装混运"已经分类的垃圾,或建议全国出台统一标准等,政府机构应结合具体情况,借助政务微博答疑解惑或作出表态,这样才能让公众提升参与感,进一步促进政策动员。同时,可以适当使用流行话语体系和投票小程序创新动员形式,使政策信息更加亲民,比如上海发布发起的投票"吃大闸蟹的季节到了,今天你吃大闸蟹了吗? 那么问题来了,螃蟹壳属于什么垃圾?"引发公众热烈讨论,点赞量过万。

2. 把握新闻原则,政策信息动态化

研究结果表明,信息更新频率更快、政策响应速度更快的政务微博在生活垃圾分类政策上的动员效果更好,符合新闻报道原则中的时效性和及时性要求。政务微博的本质功能是发布信息、辅助政府工作,是新闻报道在新媒体时代的一种体现,新媒体动员也在于利用新媒体向公众普及国家政策和信息,使公众在认知和行动方面形成认同,因此也应把握新闻报道的基本原则。地方政府应密切关注国家的政策动态,一方面尽快部署工作,另一方面要及时向公众宣传和普及,并且明确政策倡导的持续性,尤其是对于生活垃圾分类这种长期实施的战略性政策,更应坚持周期性信息更新,探索信息传播规律,保证信息发布的质量和数量,实现政策信息动态化更新,营造动员效果更优的政务微博环境。

8.2.3　动员内容层面

1. 突出重点内容,聚焦生活垃圾分类

研究结果表明,与生活垃圾分类政策相关性更高的政务微博信息动员效果更好,说明当政府机构意图借助政务微博进行某项政策的普及和动员时,应当注重信

息聚焦。在移动媒体快速发展和生活方式改变的背景下，人的时间、思想、注意力，甚至是人本身都在被"碎片化"，政务微博已经不再是新兴事物，外在的附加值难以快速提升，可以通过深耕内容，利用心理学上的重复效应和劝服理论加深公众对生活垃圾分类政策的印象，一方面，斟酌政务微博文本的详略，突出"生活垃圾分类"的重点；另一方面，营造倡导环境政策的氛围，使与"生活垃圾分类"相关的信息成为政务微博信息发布时的重点内容，加强信息内容本身的建设，坚持"内容为王，创新为要"。

2.丰富形式构成，多维倡导垃圾分类

研究结果表明，将文字信息与音频视频结合、利用投票丰富表达形式的政务微博在生活垃圾分类政策上的动员效果更好，使用热点话题、@符号等也会在一定程度上对动员产生积极作用，为政务微博呈现形式的选择提供参考。在吸引用户注意力方面，音频视频的可视化程度更高，较文字信息有更好的效果，有利于调动受众的多种感官体验，比如用图片讲解生活垃圾分类的标准以提高信息实用性、在文字政策信息下搭配相应的图片以提高信息趣味度、展示因垃圾未分类致死的动物引起情感共鸣等。此外，使用热点话题或提及他人都要用到可以跳转至其他界面的符号（♯/@），有利于增加信息的曝光度，同时吸引更多目标受众，他们也是具有潜在参与意愿和后期参与度更高的群体。借助多模态话语和相应组合，融合语言、文字和其他非语言要素，以动态多模态图像将话语意义传递给公众，从多维度倡导垃圾分类，可增强生活垃圾分类政策的动员效果。

■8.3　环境政策议题建构与议程互动的引导策略

8.3.1　政府垃圾分类政策推广型议题： 明确分类意义，融入情感动员

在政策酝酿期，政府通过官方文件及政务微博释放大量政策信号，通过建构垃圾分类议题为政策落地实施造势，在议程设置的数量和规模上不遗余力。媒体依托政府这一权威信源，议程方向和政府趋同，作为政策的"中间人"和"传声筒"对垃圾分类进行报道。不可否认该类议题的大量建构和层层颁布对提高公众知晓度起到了一定作用，同时也达到了政府通过媒体进行政策宣传以了解公众态度，为政策落地造势的目的。但数据表明此时公众大部分焦点并未转移到该政策上来，在一定程度上，政府议程、媒体议程与公众议程之间出现了断裂。公众是生活垃圾分类政策真正的贯彻者和执行者，政策详情和细则不能完全引起其重视，这对其领悟政策精神，接受官方文件指导并以其为准则进行下一步行动来说是一种阻碍。在下

一阶段,政府和媒体的焦点则更多转向垃圾分类工作进展情况,政策细则进一步被忽略,垃圾分类准则、目的、实施意义等多方面内容在以上环节存在传播失灵的情况,不利于提高生活垃圾分类政策的贯彻效果。

在政策宣传推广议题中,明确生活垃圾分类的意义以唤醒公众环保情感认知对于提高议题关注度、认可度有较大作用。就居民态度而言,一些学者认为,居民作为垃圾分类政策贯彻落实的实践主体,其内在意愿对执行分类的主观能动性有较大影响,而对于垃圾分类的态度能直接影响其政策贯彻的效果。在前期宣传中,政府出于自身考虑,将政治意义赋予官方文件及政务微博,虽然该类议题建构数量庞大且发布密度较高,但晦涩的官方文字阻塞了政策精神的传播渠道,"自说自话"现象屡见不鲜,议程的断裂影响了政府垃圾分类政策推广类议题的传播效果。将政策实施意义融入该类议题建构中,通过重塑公众环境保护价值观并唤醒公众的环保情感,明确生活垃圾分类的意义及环境污染后果,有助于打通政策传播渠道,鼓励公众主动了解学习政策精神,使政策落实更为顺畅。

8.3.2　垃圾分类政策指南普及型议题:
融合落地问题,发布科普指南

在垃圾分类政策实施的前两阶段,垃圾分类指南普及型议题建构主体主要为政府和媒体。一方面,政府在政策酝酿期为扩大垃圾分类政策扩散范围,提前为垃圾分类政策落地造势,大量发布垃圾分类指南普及型信息以提高公众知晓度;另一方面,媒体依托政府这一权威信源发布多个分类指南专题提高公众垃圾分类素养。但在政策落地及扩散过程中,政府和媒体的关注话题均有所偏移,加之公众视角自始至终集中在垃圾分类工作进展情况上,这使得垃圾分类指南普及型议题关注度不尽如人意。

垃圾分类指南对于明确分类原则,指导公众掌握科学、有效的分类方法至关重要。垃圾分类实施的现实问题更加引人注目,该类问题的出现和垃圾分类各主体对工作目的不够明确、对工作方法理解缺失有较大关系。在相关议题的建构和引导中可针对公众吐槽较多的问题进行统一科普与答疑,并结合垃圾分类国家或地区的成功案例经验加以传播,提高公众垃圾分类素养和能力。

8.3.3　号召呼吁践行分类型议题:
回应公众关切,提高硬件满意度

结合数据可发现,在初期阶段,政府议程及媒体议程中号召呼吁践行分类型议题数量并不占多数,但公众主动响应号召并实现对垃圾分类政策的认同,同时表示对长期实现垃圾分类有较强信心。在此基础上，公众在第二阶段对该议题的关注程度优于第一阶段大量政策议题渲染下的关注程度，实现了话题共振。这一现象的出现主要和垃圾分类政策实施范围的扩大、政策执行的进一步深入以及政府回应公众质疑、解答垃圾分类具体问题等因素有关。

尽管在初期公众对于政策知晓度和关注度一般，但大部分公众仍对垃圾分类意义表示肯定，并表达了长期坚持的信心。在政策试点期，媒体承担起政策交流平台的职责，对公众提出的质疑和问题进行统一反馈和解答，并通过报道垃圾分类阶段性成果及优秀实践案例缓解公众畏难情绪。在此过程中，环保组织及名人等意见领袖承担起号召呼吁及知识普及的职责，进一步回应公众关切，在提高公众垃圾分类重视程度的同时运用生动通俗的媒体语言解答公众疑问，提高垃圾分类实施效率。垃圾分类政策在全国 46 个城市普及推广，政策实施规模的扩大进一步提高了公众的接受度和知晓度，在此基础上，公众的畏难情绪有所缓解，并主动践行垃圾分类政策。

由此可见，运行良好的垃圾分类制度系统和及时回应的政策反馈平台是赢得公众信任、激励公众自觉接受政策并主动号召践行的基本保障。一方面，政府和媒体在进行号召呼吁践行分类型相关议题建构时，要做到及时了解公众质疑，根据公众议程知悉现实问题并予以高质量的反馈；另一方面，做好对典型案例的收集及整理，实时宣传报道垃圾分类各地进展及工作详情也对公众有较大帮助。此外，为了保障垃圾分类政策的顺利贯彻，减轻居民分类负担，提高垃圾分类效率，优化垃圾分类硬件设施也是重要一环，社区可根据大部分居民出行时间及方便距离在合理的位置安放数量合适的分类垃圾桶，并协调时间进行统一垃圾清运。标识清晰的分类垃圾箱和干净清洁的周边环境也在一定程度上鼓励居民主动进行垃圾分类。

8.3.4 分类工作进展现状型议题：
实时更新进展，基层组织因地制宜

垃圾分类焦点事件中共振效果最为显著、共振规模最大的即为分类工作进展现状型议题。一方面，政府出于政绩考虑和政务公开，及时对试点城市垃圾分类工作开展情况予以公布，并在扩大试点后，着力就垃圾分类政策在全国范围内的推广展开宣传。媒体依托政府这一权威信源，除报道试点城市情况及试点扩大等议题外，对公众反馈等政策进展现实问题和社区垃圾分类情况进行议程设置。公众从前期对试点城市情况的关注转向后期对政策落实现实情况的关注，如社区落实情况转移。总体来说，政府、媒体、公众等多元主体对分类工作进展现状型议题的关注贯彻始终。

除了积极建构公众高度关注的议题,如试点城市进展情况等,社区等基层组织的垃圾分类工作进展情况和协商调试范例也应是宣传报道的重点。社区作为政策贯彻落实的基础单元,和垃圾分类实施主体——居民息息相关。社区垃圾分类工作的进展及基层垃圾分类细则的完善是公众关注的焦点。社区因地制宜地修正垃圾清运时间和硬件设施摆放安排,并根据用户调研及时调整政策举措。在此过程中,社区基层党建、自治能力等对提高公民政策认同、主体意识至关重要,上海市的"爱芬社区垃圾分类工作模式"和北京市的"辛庄模式"等充分体现了基层社区自治对提高生活垃圾分类工作进展效率的重要贡献。提高垃圾分类基层组织自治,并对典型案例加强宣传报道,有助于树立模范典型、增强公众信任。

8.3.5 公众反应与心声型议题:
明确分类准则,激发公众认同

公众反应与心声型议题主要包括垃圾分类政策讨论、戏谑式表达及质疑政策落实能力等。由于垃圾分类政策之前从未实施,公众畏难及怀疑情绪较为显著,在政策试点期时,分类标准不清、行政主导模式导致基层工作推进压力过大等议题逐渐显现。戏谑式表达消解了政策的严肃性,公众消极、抵触情绪不断攀升,在政策推广至全国范围后,公众关注焦点向垃圾分类政策立法、"积分类政策"是否长久有效等议题偏移,政府政策落实能力备受关注。

在此过程中,该类议题建构主体主要为公众,政府和媒体均对该类议题给予较少关注,自说自话型议题建构和对公众意见的忽视导致政策落实过程中具体问题不能及时反馈。尽管在压力性科层制度下,政府工作重点大幅转移到生活垃圾分类政策强制实施部分,工作任务从高层级政府部门逐层下放至基层组织,掀起垃圾分类工作高潮,但速度快和见效快的治理模式给政府系统带来巨大的工作压力,加之公众现实问题并未及时反馈和解答。某城市社区在垃圾分类政策实施阶段投诉量猛增,公众的抵触、消极心态使分类效果大打折扣。

公众反应与心声型议题内容复杂多样,多数反映出垃圾分类政策推行到基层的个性化、现实性问题。对于该类议题应提高政府回应能力,及时了解并解决问题。对于垃圾分类标准明确、垃圾分类奖惩措施、垃圾分类硬件设施摆放等普遍性问题应及时协调沟通,减轻公众畏难情绪,提高垃圾分类主体积极性和满意度。

■8.4　环境政策传播议程互动模式的调适建议

我国学者从西方理论出发，结合具体情况，建立了符合社会环境、舆论环境和政治环境的政策议程设置模式。经典的教科书式的政策过程包括问题界定、议程设置、方案预评、政策决策、政策执行和政策评估等环节。媒体和公众作为参与政策议程的多元主体，在不同的社会环境中发挥着不同的作用。相较于理想状态中全程参与的和实际情况中有限参与的多元主体的政策议程互动，在新媒体语境下，公众参与和媒体监督进入政策议程中，能够合理影响政策议程，形成了全程有限参与的议程互动模式。越来越多的公众开始主动设置与自身安危密切相关的环境政策议程，多元化参与主体开始在政策传播过程中发挥影响，政策的合法性、民主性、科学性和可行性有所提升。

8.4.1　全程参与的环境政策传播的议程互动模式

问题界定是政策的起点，而议程设置是首要环节[256]。在理想状态下，政策的研究者和实践者按照一定规则和程序落实政策，政府和媒体在议程设置环节紧密相连，发挥了政策制定者和议程组织者的作用，以引起公众对于环境政策的关注，从而提高政策透明度。媒体作为政府"传声筒"，向公众传输政策优势，引导公众舆论。进行方案预评时，政府吸取来自公众的建议，完成政策决策前期工作；在政策决策过程中，民主参与是政策决策的核心内容，媒体监督和公众参与共同确立决策制定过程的合法性。制度化、规范化的政策决策能够推动政策执行进程，提升公众对政策本身的认同度和理解度，政策执行效果显著提升，合法化的政策在评估中则更易受到积极评价。全程参与的环境政策传播的议程互动模式如图 8-1 所示。

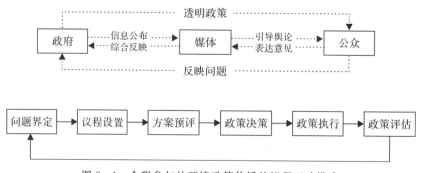

图 8-1　全程参与的环境政策传播的议程互动模式

　　理想状态下,多元主体的议程互动贯穿政策过程所有环节,政府将政策议程公示在媒体和公众的视野中,主动邀请其发表意见、讨论政策、修改方案等。媒体则充分发挥其信息传播和"瞭望哨"的社会功能,成为政府和公众之间的纽带,完成上传下达的社会任务。公众不再是被动消极的政策信息的被告知者和被执行者,其主动介入各个环节,通过不断的互动,履行其作为政策主体之一的职责。该环境政策的议程互动模式具有理想色彩,排除了许多现实情况所带来的阻碍,具有标杆式的引领作用,但不能用于解决实际情况。事实上,多元主体基于各方的利益,很难在环境政策议程互动的过程中实现全方位的公开和理智性的参与,难免存在"黑箱"环节。

8.4.2　有限参与的环境政策传播的议程互动模式

　　作为政策制定者,政府是问题界定与政策议程设置的主体,政府率先进行议程设置,通过媒体报道宣传扩大政策影响力,吸引公众注意力并引发讨论。在有关人们切身利益的环境政策实施中,公众作为政策反馈者,通过多种渠道表达对政策的意见和建议,从而影响政策议程。媒体议程在其中发挥着重要的纽带作用,尽管在网络环境中,公众能够通过社交媒体平台和政府网站等渠道,直接形成公众议程,将对政策的意见作用于政府议程,但媒体作为"上传下达"的角色,往往通过议程设置才能引起政策决策者的注意。不同于全程参与的环境政策议程互动模式,现实情况下媒体和公众所能触及的环境政策环节是有限的。有压力触发式和吸纳式两种议程互动形式,或是政府通过媒体主动将环境问题转化为社会公共问题,或是媒体和公众主动设置议程产生舆论压力。在实际情况下,在方案预评阶段,媒体根据政府所提供的政策方案进行报道,形成对不同方案的不同偏好,但媒体和公众所反馈的意见和建议及其所塑造的外部压力仅为政府决策提供参考。有限参与的环境政策传播的议程互动模式如图 8-2 所示。

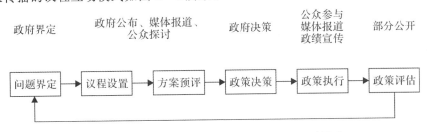

图 8-2　有限参与的环境政策传播的议程互动模式

依据有限参与的环境政策传播的议程互动模式，媒体和公众的关注度和讨论度较高，多元主体对于政策方案呈现出不同的偏好，也提出了相应的参考意见。在政策执行阶段，媒体通过对政策设计方案和实际执行效果进行对比，监督政策的具体实施情况，公众则讨论了垃圾分类政策落地后的现实问题。但是，在媒体和公众无法触及的环节，政府仍然掌握着核心话语权，且在一些环节中，政府、媒体同公众话语之间存在一定程度的断裂现象，其传播内容的偏差不利于对政策的有效理解，更不利于政策落实。

8.4.3　全程有限参与的环境政策传播的议程互动模式

与上述两种政策议程互动模式不同，本书的研究目的为解决实际情况下环境政策传播过程中存在的问题，提高多元主体的互动效率，促进环境政策的传播与执行。在新型环境政策传播语境下，政府议程、媒体议程和公众议程呈现出多向互动，政府利用媒体构建环境政策议题、推动政策有效执行，媒体和公众则通过议程介入到政策民主化进程中。在问题界定环节，公众和媒体主动发现并构建环境议题与政府经过媒体向公众传达议程同时存在。在政策预评阶段，媒体同时充当公众的"反映器"和政府的"传声筒"，汇集两方的观点；在政策执行阶段，政府通过媒体宣传具体的执行工作情况，同时通过曝光存在的问题，媒体则通过调查报道监督政策执行效果，公众切实反映实际存在的问题和意见；在政策评估阶段，媒体呈现公众意见，反映政策执行效果，政府则通过媒体了解政策不充足之处，为环境政策的完善奠定基础。全程有限参与的环境政策传播的议程互动模式如图8-3所示。

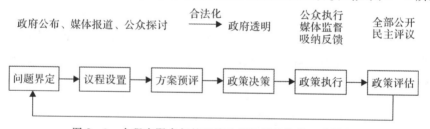

图8-3　全程有限参与的环境政策传播的议程互动模式

环境政策传播维系着环境领域的信息互通、意义共享、对话协商与共赢协作，也影响着人们基本的生产和生活方式。与理想状态和实际情况不同，全程有限参与的环境政策议程互动的传播模式借助新媒体话语平台，建立起政策公布与沟通的透明平台。政府要吸取在环境政策实际传播过程中的经验，利用媒体做好舆论引导，与公众进行积极高效的、注重从"官话"转向"民话"的、减少政策成果的宣传，真正想公众之所想，真正"欢迎"公众讨论环境政策的内容，减少"黑箱"操作；媒体则要在有关环境政策的报道中更加关注公众的动态,了解并传播民间环保组织的话语,注重平衡来自政府和公众的信息;公众应当运用新媒体话语平台,以主人翁的姿态参与环境政策的制定与执行过程,主动接下环境政策传播者的"接力棒",在面对媒体的报道时保持冷静客观的警惕性,尽可能地抛开媒体和个人感情色彩,同时,在参与过程中要学习相应的法律规范,增强自身的道德意识,理性地参与政策议程。

■ 8.5　环境政策认同的引导策略

王国红认为,政策认同可以分为表面认同、低度认同和高度认同[227]。表面认同是政策认同中最低级的认同,它是政策执行者迫于心理压力和政策的权威与强制性,为了避免受到惩罚,表面对政策表示认同。虽然在短期内没有太大的问题,但是随着时间的推移,这部分政策执行者的消极情绪得不到解决,就可能产生认知障碍,影响政策认同,甚至产生政策抗拒。低度认同是指基于眼前的既得利益、短期利益对政策浅层次的认同。当利益递减或消失,低度认同也可能转化为政策抗拒。高度认同是政策主体一直追求的,它表现为对政策有着深刻的认知和理解,并且能从内心认同并进行遵守。高度认同具有稳定性和可靠性。

经过对认同过程中认知、情感和评价三方面的分析,当前公众的认同还处于低度认同的程度。

在政策认知方面,经过对政府颁布的生活垃圾分类政策梳理可知,一个完整的政策包括政策推行的必要性、垃圾分类的原则、管理环节、参与部门、居民的家庭生活垃圾分类、参与主体的责任、相关保障措施、相关政策支持和监管部门责任等。而政府和媒体在宣传中过于注重分类标准宣传、政绩宣传,这表明在政策传播的过程中,政府虽然对政策进行了全面的了解与认知,但是在进行传播中,往往不能面面俱到,公众注意力有限,也不能对政策进行深刻的理解和认知。

在政策情感和政策评价方面,进入 2020 年以来,垃圾分类议题又出现了停滞状态,虽然在后期呈现出中立和正面,然而是由于生活垃圾分类热度不再,且一些地区难以继续实行垃圾分类政策,同时公共政策涉及众多政策主体的利益分配问题,这种分配虽然权威,但是并不能保证每个人的利益都得到满足与实现,部分利益集团必然要牺牲一定的权益。公共政策虽然建立在科学、合理、民主的基础上,但它并不能强制每个公民都认可。网络时代赋予了网民公开发表意见的权利,但同时,网民造成的舆论压力也会成为一种无形的制度,对公众的言论和行为施压。部分利益集团迫于舆论环境和舆论氛围,受到多数人的谴责,对环境政策表面认同,实则反对。这种敷衍式的或者浮于表面的认同不仅不利于环境问题的解决,还会加深与政策制定者之间的矛盾,不利于社会的和谐发展。公众对生活垃圾分类政策的价值表现出高度的认同,但是对于垃圾分类的实施过程、管理措施的不满得不到解决则会影响公众的高度认同。环境政策不是一成不变的,由于环境的复杂性和多样性,政府需要灵活调整部分条令。环境政策多以管制、禁令、处罚为手段,一些环境政策还辅以强制手段。这种命令型的手段如果没有有效的监管,通常就是"上有政策、下有对策",表面环境政策高高挂起,严查严打,但检查结束后,又放松警惕,这些都会使得参与三方对于生活垃圾分类政策的政策情感与评价降低。

8.5.1 丰富政策宣传手段,促进公众全面认知

在政策传播的每个阶段,政府和媒体都致力于政策的宣传。政府主要发布官方文件,通过建构垃圾分类议题为政策的开展造势,促进公众对政策的内容、价值的认知。媒体依托政府这一权威信源,一方面转发政府颁布的政策,另一方面对政策进行解读,通过图片等方式提高公众对于垃圾分类标准的认知。不可否认,政府和媒体的层层传播对提高公众知晓度起到了一定作用,同时也达到了政府通过媒体进行政策宣传以吸引公众目光、了解公众态度的目的,但数据表明,此时一部分公众并未将焦点聚集到政策上来,他们只是热衷于调侃进行生活垃圾分类的脚步过快,还有部分公众强调生活垃圾分类应该以教育为主,从小培养,不能现在以一刀切的方式,要求强制分类。在强制性垃圾分类正式实施后,政府和媒体主要以工作方案和当地政府政策实施政绩为主要传播内容。在政策酝酿期,在对政策的目标、价值和内容了解的基础上,公众的认知范围进一步扩大,包括垃圾分类工作进展情况和政府政绩,但是,政府在传播过程中过于注重严峻环境问题和政绩的宣传,通过一系列重复报道对环境问题进行宣传,影响公众对于环境问题的正确判断,加剧公众的心理紧张感,造成警钟效果。政府热衷于对政绩的宣传无可厚非,但是不能从根本上解决问题,过度注重正面宣传可能引起公众的反感情绪,与政策制定的目标背道而驰,而且政府和媒体多以官方文件为主,表述方式也过于官方,以模式化的语言传递"冷冰冰"的内容无法让公众对政策细节进行全面了解。

在政策宣传过程中,政府、媒体要创新政策的宣传方式,不能以单一的文件转发达到传播的目的。政府应在政策传播中加强对参与主体的责任、保障措施和监管部门责任的宣传,以此避免相关部门的推诿、"踢皮球"等不良现象,扩大媒体与公众的认知范围。除了官方文件,还要擅于利用新媒体方式,如动图、视频、H5 等多元呈现方式,以及图像、声音和文字的多模态话语,通过转喻与隐喻建构和传递

意义,调动公众的视觉、听觉等多种感官,让公众在不知不觉中对政策进行全方位的认知。同时,公众也以独特的方式成为媒介空间中的积极参与者,多方主体在互动过程中实现从再现客观信息到实现主观认同。在政策酝酿期,可以多使用视频呈现垃圾造成的环境污染现象,让公众对于进行垃圾分类的紧迫性和必要性有一个宏观的把握;使用流程图明确垃圾分类的管理环节和相关主体的责任,使用图片或者海报呈现垃圾分类标准等。在政策试点期和政策扩散期,政府和媒体可以将公众的诉求整理成表格,针对公众提出的意见,提出相应的解决措施并与之一一对应。另外,还可以通过情景演练等方式,对化妆品等有分类争议的垃圾进行情景式教学,增强与公众的互动,促进公众对于垃圾分类知识的消化。

8.5.2 及时回应、针对性回应,消解公众负面情绪

对网络舆情事件而言,处理不当会导致公众产生负面情绪。负面情绪一旦形成,需要经过较长的时间、持续的反向传播积累才能抵消。从政策酝酿期至政策扩散期,公众就不断在微博平台反映心声。开始时,由于垃圾分类的标准不明确,公众的抵触畏难情绪明显;随后,政府主导的模式、不合理的措施使得基层工作推进压力过大,公众用戏谑式的疑问、段子消解了政策的严肃性,公众消极、抵触情绪不断攀升。他们质疑"积分制政策"的长久性、开罚单的成效性等,在此过程中,负面情绪快速传染。政府和媒体虽然捕捉到公众的负面情绪,但是其回应并不能让公众满意。而且,政府在回应公众关切时,由于政策实施的难度,政府无法在第一时间给出恰当合理的解决方法,极易出现"官不动民动"的现象,暴露滞后性的问题。此外,垃圾分类处理过程不明确,进行垃圾分类后,垃圾如何运输、运到哪里处理、垃圾如何处置的过程不透明,也加重了公众的质疑和猜忌。

在面对公众的负面情绪时,政府和媒体应该在第一时间给出回应。政府和媒体不能"坐以待毙",应该"未雨绸缪",提前关注公众的情绪走向,对公众情绪进行分析,并给出研判建议。政府部门应该建立健全舆情监测体系,实时监测公众对于生活垃圾分类政策的情绪,分析情绪背后的心理原因,并事先针对公众可能提出的问题和诉求做判断,给出解决方案,也可以使用热词词频统计软件,分析公众在各个阶段关注的热点。舆论监督是公众通过媒体等渠道对公共事务进行的监督,在生活垃圾分类政策传播过程中,媒体的舆论监督和舆论引导能力较弱。媒体要发挥自己的专业素养,对于政策传播中的信息进行甄别和处理,将公众的意见进行分类整理。要建立针对不同类型公共事务的数据库,在突发的状况下,媒体可根据类似的经验做出及时和针对性的处理。

8.5.3　制定科学、实际、人性化的措施，促成公众认同

通过对垃圾分类三个阶段公众意见的梳理可知，公众在政策内容、政策价值、政策实施的必要性上表示高度的认同。但是在政策实施过程中，部分公众对垃圾分类投放的标准、基础设施的建设、垃圾处理的整个流程表现出抗拒。抗拒不是政策执行过程中的最终环节，公众对政策全面认同并且执行政策才是政策出台的目标。在政策传播过程中出现抗拒时，由于抗拒而出现的意见和诉求会重新回到舆论场，进行新一轮的讨论，确保政策认同的输出。没有大力进行垃圾分类的科学知识普及、对所有小区都实施同样的定点定时措施等都暴露出生活垃圾分类政策实施中人性化不足的问题。许多城市组建专门的志愿者团队，在垃圾桶旁边教公众如何进行垃圾分类，大多数时候，关于一些复杂垃圾的投放，志愿者也不确定，而且，志愿服务是暂时性的、流动的，仅依靠志愿者团队指导公众进行垃圾分类也是不现实的。

在政策决策过程中，民主参与是环境政策决策的核心内容，媒体监督和公众参与共同促进决策制定过程的合法性。政策不应该只注重合法化，也应合理化。对于政府来说，首先要加快建设生活垃圾分类处置配套设施，不仅要配备足够的垃圾桶和运输车辆，避免垃圾桶不足、垃圾车混装混运的现象发生，还要投入资金，推动末端处理系统的建设，如建设餐余垃圾处理厂。其次，政府要分阶段设立政策目标，按照各个城市的人口、经济发展、环境情况，分阶段实行垃圾分类政策，实行惩罚类的措施也必须建立在政府工作做到位的情况下。最后，要加大公众对于垃圾分类意识的培养，以教育科普为主，公众的垃圾分类意愿越高，越能达到使公众进行垃圾分类的目标。要加大对党政机关和志愿服务队伍的培训力度，定期培训，建立以社区为单位长期的垃圾分类指导活动，调动公众参与的积极性，对不合理、不切实际的地方进行调试，促进公众的全面认同。

附　录

附表 1　2019 年 1 月微博空间内生活垃圾分类政策相关信息（部分）

媒体名称	标签	情感属性	章提及城及章	转发数	评论数	点赞数	博认证类	是否原创	原创作者	主题词	地域	发布热区	性别	发布日期	专物关键词
海南省生	转发微博	正面	["上海市"]["上海市"]	0	0	1	-1	0	新民晚报	["垃圾"]	上海	未知	女	2019/1/15	上海垃圾分类
东广新闻	#上海两会	正面	["上海市"]["上海市"]	0	0	0	3	1	东广新闻	["垃圾"]	上海	长宁区	男	2019/1/28	上海垃圾分类
池中海叶	转发微博	中性	["上海市"]["上海市"]	0	0	1	-1	0		["垃圾"]	未知	普陀区	男	2019/1/28	上海垃圾分类
孔令韬		正面	["上海市"]["上海市"]	0	0	0	0	1		["环保"]	上海	未知	男	2019/1/31	上海垃圾分类
十二号楼#上海垃圾分类		负面		0	0	0	-1	1		["垃圾"]	湖南	未知	男	2019/1/1	垃圾分类
营县环保 【垃圾#		正面		0	0	0	1	0	山东环保	["垃圾"]	未知	长沙	女	2019/1/1	垃圾分类
Iris大爱1#垃圾分类		中性		0	0	0	-1	1		["垃圾"]	湖南	长沙	女	2019/1/1	垃圾分类
欧阳琴特#专业生产		负面		0	0	0	-1	1		["环保"]	广东	未知	男	2019/1/1	垃圾分类
Iris大爱1#垃圾分类		负面		0	0	0	-1	1		["垃圾"]	湖南	长沙	女	2019/1/1	垃圾分类
持股十年#中国的新		负面		0	0	0	0	0		["垃圾"]	未知	未知	男	2019/1/1	垃圾分类
持股十年#中国垃圾		负面		0	0	0	0	0		["垃圾"]	四川	成都	女	2019/1/1	垃圾分类
成都吸收写#小区聊		负面		0	0	0	-1	1		["垃圾"]	海南	三亚	女	2019/1/1	垃圾分类
么么咪小#从今天起		负面	["上海市"]["上海市"]	0	0	0	0	0	孔琳一	["垃圾"]	未知	深圳	男	2019/1/1	垃圾分类
历史如咖啡#想到新年		中性	["河北省"]	0	0	0	-1	0	简广视频	["垃圾"]	广东	未知	女	2019/1/1	垃圾分类
ayaTT 环保从我		正面	["上海市"]["上海市"]	0	0	0	1	1		["垃圾"]	上海	黄浦区	男	2019/1/1	垃圾分类
乐思汇公#2019年新		正面		0	0	0	-1	1		["垃圾"]	福建	未知	女	2019/1/1	垃圾分类
滚动的闷#姐姐#我们		正面	["南京市"]["江苏省"]	0	0	0	0	0	头条新闻	["垃圾"]	其他	不限	男	2019/1/1	垃圾分类
樊筑Sharon一见重点		负面	["重庆市"]["重庆市"]	0	0	0	0	0	头条新闻	["垃圾"]	河南	焦作	女	2019/1/1	垃圾分类
wanna 33#实时跟进#		负面		0	0	0	-1	1		["垃圾"]	河南	信阳	女	2019/1/1	垃圾分类
rego小曼 满河区		正面	["信阳"]["河南省"]	0	0	0	-1	1	孔琳一	["垃圾"]	浙江	朝阳区	男	2019/1/1	垃圾分类
一个放牛#九十年代		正面		0	0	0	-1	1		["动物"]	北京	不限	男	2019/1/1	垃圾分类
微姐八两 两个建议		正面		0	0	0	-1	1		["建议"]	未知	未知	女	2019/1/1	垃圾分类
绿灯眼		负面		0	0	0	-1			["垃圾"]	未知	未知	男	2019/1/1	垃圾分类
豫音风骨 转发微博		正面		0	0	0	-1	1	山东环境	["垃圾"]	未知	未知	男	2019/1/1	垃圾分类
青石村社 哈哈哈哈		负面	["南京市"]["江苏省"]	0	0	0		220	aobag爱北	["垃圾"]	未知	未知	女	2019/1/1	垃圾分类
觅jing_		正面		0	0	1	1	1	山东环境	["生态"]	未知	未知	男	2019/1/1	垃圾分类
高碎环保 转发微博		正面		0	0	0	1	0	德州环境	["生态"]	未知	未知	男	2019/1/1	垃圾分类
乐陵环境 转发微博		正面	["德州环境"]	0	0	0	1	0	德州环境	["生态"]	未知	未知	女	2019/1/1	垃圾分类
武城环境 转发微博		正面		0	0	0	1	1		["生态"]	未知	未知	女	2019/1/1	垃圾分类

政府　媒体　公众　+

1月

附表 2　2019 年 1 月政府主体微博空间内生活垃圾分类政策相关信息（部分）

主题媒体	媒体名称	微博uid	标题	摘要	情感属性	发文时间	链接	章楗及城文章楗及名含否有趣	转发数	评论数	点赞数	博认证类	是否原创	原创作者
微博	海南省生	5773606824	转发微博		正面	18:40:29	http://we	["上海市"]"上海市"	0	0	0	1	0	新民晚报:
微博	莒县环保	3548442991	【垃圾分类改变百姓		负面	22:10:39	http://we	weibo.com/3548442991	0	0	0	1	0	山东环境
微博	青石村社[	3858195317	转发微博			17:01:25	http://we	["南京市"]"江苏省"	0	0	0	1	0	鼓楼微讯
微博	高亭环境	5042242766	转发微博		正面	0:37:47	http://we	weibo.com/5042242766	0	0	0	1	0	山东环境
微博	乐陵环境	3710907135	转发微博		正面	12:27:49	http://we	weibo.com/3710907135	0	0	0	1	0	德州环境
微博	武城环境	3719183113	转发微博		正面	12:11:42	http://we	weibo.com/3719183113	0	0	0	1	0	德州微讯
微博	小市街道?	348794264	从根源上提升了精区		正面	15:49:20	http://we	["南京市"]"江苏省"	0	0	0	1	1	鼓楼微讯
微博	市南环境	3506671370	垃圾分类改变百姓生		负面	10:33:13	http://we	weibo.com/3506671370	0	0	0	1	1	山东环境
微博	采荷发布	5227630670	【绿色采荷】垃圾分类		中性	15:58:42	http://we	weibo.com/5227630670	0	0	0	1	1	
微博	庐阳发布	3186952954	【宣传垃圾分类　提		负面	16:20:03	http://we	["合肥市"]"安徽省"	0	0	1	1	1	
微博	华侨路街i	3855113321	午，虎踞关社区城正		正面	17:34:13	http://we	["南京市"]"江苏省"	0	0	0	1	1	
微博	华侨路街i	2114803934	1月2日下午，华侨路		正面	18:18:17	http://we	weibo.com/2114803934	0	0	0	1	1	
微博	华侨路街i	2114803934	1月2日下午，华侨路		正面	18:18:11	http://we	weibo.com/2114803934	0	0	0	1	1	
微博	华侨路街i	2114803934	1月2日下午，华侨路		正面	18:17:54	http://we	weibo.com/2114803934	0	0	0	1	1	
微博	华侨路街i	2114803934	1月2日下午，华侨路		正面	18:17:47	http://we	weibo.com/2114803934	0	0	0	1	1	
微博	华侨路街i	2837190802	1月2日下午，华侨路		负面	16:06:26	http://we	weibo.com/2837190802	0	0	0	1	1	
微博	南京玄武t	393734926	【区垃圾分办联合开展		负面	9:56:09	http://we	["南京市"]"江苏省"	0	0	0	1	1	
微博	文明安徽	2704693044	【芜湖市民：垃圾，垃		正面	9:09:34	http://we	["芜湖市"]"安徽省"	0	0	0	1	1	
微博	宝塔镇微i	3883395576	【社区工作】社区进生			11:25:46	http://we	weibo.com/3883395576	0	0	0	1	1	
微博	于窑镇微·	2348287637	县委组织干窑镇开展		负面	12:18:00	http://we	["平湖市"]"浙江省"	0	0	0	1	1	
微博	文明黄石	1300978640	【垃圾分类从我做起		正面	16:25:30	http://we	["黄石市"]"湖北省"	2	4	2	1	1	
微博	华侨路街i	3880062872	石头城卫生主任参加		负面	19:53:33	http://we	weibo.com/3880062872	0	0	0	1	0	山东环境
微博	长岭环保	5631877576	/@莒县环保：【垃圾		负面	14:44:13	http://we	["日照市"]"山东省"	0	0	0	1	1	
微博	兰城大关;	1990535443	1月2日，城关大队三		负面	19:41:58	http://we	["曹市"]"安徽省"	0	0	0	1	1	
微博	夏津环境	5327171580	转发微博		负面	22:24:50	http://we	weibo.com/5327171580	0	0	0	1	1	
微博	德州平原F	3822874514	转发微博		负面	9:56:56	http://we	weibo.com/3822874514	0	0	0	1	0	德州环境
微博	禹城环境	5120938122	转发微博		负面	9:13:00	http://we	weibo.com/5120938122	0	0	0	1	0	德州环境
微博	南京城管	2564717617	转发微博		负面	11:08:57	http://we	["南京市"]"江苏省"	0	0	0	1	0	南京玄武区
微博	珠海市技フ	192738628	转发微博		负面	11:48:48	http://we	weibo.com/192738628	0	0	0	1	0	横琴新区t
微博	顺义区城i	354231092	转发微博		中性	15:54:49	http://we	["北京市"]"北京市"	0	0	0	1	0	北京市城i

附表3　2019年1月媒体主体微博空间内生活垃圾分类政策相关信息(部分)

来源媒体	媒体名称	微博uid	标题	摘要	情感属性	发文时间	链接	章提及及城市 章提及及名省	含有视	转发数	评论数	点赞数	博认证类	是否原创	原创作者
微博	东广新闻	1667942985	#上海两会#	【历明代生 正面	正面	14:32:45	http://we	["上海市"]["上海市"]	0	0	0	0	3	1	
微博	微武进	5052191143	#武进身边事#	【前 正面	正面	10:19:46	http://we	["常州市"]["江苏省"]	0	0	0	0	3	1	
微博	苏州新闻	1867085277	#苏州身边事#	【新型中性	中性	16:13:20	http://we	["苏州市"]["江苏省"]	0	0	0	0	3	1	
微博	站苏晚报	1906570245	#苏州身边事#	【新型中性	中性	16:12:55	http://we	["苏州市"]["江苏省"]	0	0	0	0	3	1	
微博	杭州网	1036713140	【听到停不下来!	杭 负面	负面	9:20:04	http://we	["杭州市"]["浙江省"]	0	0	0	1	3	0	长兴发布
微博	长兴新闻	2397336364	垃圾分类,造福家园	负面	负面	11:17:57	http://we	["湖州市"]["浙江省"]	0	0	0	1	3	1	
微博	宁波日报	2360016402	【江北生活垃圾分	主正面	正面	10:04:03	http://we	["重庆市"]["重庆市"]	0	0	0	1	3	1	
微博	于龙网中	3215951873	【"礼让斑马线"	主正面	正面	9:45:04	http://we	["北京市"]["北京市"]	0	1	0	1	3	0	福州日报
微博	福州日报	1895697240	#2019福州两会#	【正面	正面	9:58:23	http://we	["福州市"]["福建省"]	0	0	0	0	3	0	
微博	长江日报	1898268644	#2019武汉两会#	热 正面	正面	16:35:56	http://we	["武汉市"]["湖北省"]	0	1	0	0	3	1	
微博	海口日报	1973967044	【海口文明大行动深	正面	正面	13:20:03	http://we	["海口市"]["海南省"]	0	0	0	0	3	1	
微博	合肥在线	1732739184	#2019合肥两会#	【 中性	中性	9:39:53	http://we	["合肥市"]["安徽省"]	0	0	0	1	3	1	
微博	江海晚报	1830136467	【如东两公测测评全	正面	正面	9:24:15	http://we	["南通市"]["江苏省"]	0	1	0	1	3	1	
微博	如东天注	2578872721	【如东这2所小厕出	正面	正面	16:59:19	http://we	["南通市"]["江苏省"]	0	0	0	0	3	1	
微博	苏州日报	2760296044	市区1089个小区实行	三正面	正面	7:40:04	http://we	["苏州市"]["江苏省"]	0	0	0	1	3	1	
微博	聊城新闻	1851764777	【垃圾分类期待更多	负面	负面	20:32:18	http://weibo.com/1851764777	["重庆市"]["重庆市"]	0	1	2	3	3	0	湖州网公
微博	湖城新闻	6524416659	长兴:——只小狗兔	负面	负面	17:23:33	http://we	["海口市"]["海南省"]	0	0	0	0	3	1	
微博	深圳商报	2274567792	#霜报导读# ①历史	正面	正面	8:31:27	http://we	["黄石市"]["湖北省"]	0	0	0	1	3	1	
微博	东楚晚报	1910612140	昨日,铁山区在张之	正面	中性	17:11:29	http://we	["扬州市"]["江苏省"]	0	0	0	1	3	1	
微博	扬州晚报	2290787940	#2019扬州两会#	三正面	正面	10:27:20	http://we	["南京市"]["江苏省"]	0	0	0	1	3	1	
微博	江苏新闻	1301904252	【话网】@南京人:	中性	中性	17:31:26	http://we	["苏州市"]["江苏省"]	0	1	2	3	3	0	央广网
微博	中国广播	1982656855	转发微博	转发微博		10:22:55	http://we	["北京市"]["北京市"]	0	0	0	0	3	0	央广网
微博	河北生活	2092372651	转发微博	正面	正面	10:47:46	http://we	["无锡市"]["江苏省"]	0	0	0	0	3	1	
微博	新京报我	6124642021	#2019年北京两会#	负面	负面	18:22:19	http://we	["北京市"]["北京市"]	0	0	0	6	3	1	
微博	新浪无锡	3181366165	#锡相关# 【@ 无锡	【@ 无锡	正面	9:22:12	http://we	["无锡市"]["江苏省"]	0	0	0	1	3	1	
微博	江西晨报	1968407017	#南昌身边事#	商i中性	中性	10:00:05	http://we	["南昌市"]["江西省"]	0	0	0	0	3	1	
微博	农民日报	2821669511	#村庄清洁行动#乡村	乡村正面	正面	15:39:26	http://we	[""]	0	0	0	1	3	1	
微博	伊犁日报	3263115530	【民革新疆区委会建	正面	正面	10:45:03	http://weibo.com/3263115530	["山西省"]	0	0	0	0	3	1	
微博	天山网	2275883675	#两会政在看##提案	提案正面	正面	11:25:44	http://weibo.com/2275883675		0	1	3	4	3	0	
微博	FT中文网	1698233740	王陈:相比于对公共	正面	正面	16:30:02	http://weibo.com/1698233740		0	1	3	3	3	0	FT中文网
微博	信息时报	1750553234	【广州市#2019年广	【2019年正面	正面	11:49:03	http://we	["广州市"]["广东省"]	0	0	0	1	3	1	

附表 4　2019 年 1 月公众主体微博空间内生活垃圾分类政策相关信息（部分）

采集媒体	媒体名称	微博uid	标题	摘要	情感属性	发文时间	链接	文章裹及城市及各含有图	转发数	评论数	点赞数	博认证类	是否原创	原创作者
微博	池中荷叶	1766933060	转发微博		中性	11:06:17	http://we[	["上海市"	0	0	0	-1	0	东厂新闻
微博	孔令娴	1783007121	上海垃圾分类立法正式施		正面	19:04:11	http://we[	["上海市"	0	0	1	0	1	
微博	十一号煤	6449903358	#垃圾分类进社区#		负面	12:07:42	http://weibo.com/6449903358	["上海市"	0	0	0	-1	1	
微博	Iris大爱	3842154394	#垃圾分类进社区#		中性	18:19:17	http://weibo.com/3842154394	["上海市"	0	0	0	-1	1	
微博	Iris大爱	3842154394	#垃圾分类进社区#		负面	18:21:05	http://weibo.com/3842154394	["上海市"	0	0	0	-1	1	
微博	欧阳琴转	1027523924	专业生产各类垃圾分		正面	14:20:49	http://weibo.com/1027523924	["上海市"	0	0	0	-1	1	
微博	Iris大爱	3842154394	#垃圾分类进社区#		负面	18:20:25	http://weibo.com/3842154394	["上海市"	0	0	0	-1	1	
微博	持股十年	1744077842	中国的新农村首先做		负面	10:11:04	http://weibo.com/1744077842	["上海市"	0	0	0	0	1	
微博	持股十年	1744077842	中国的新农村首先做		正面	10:10:36	http://weibo.com/1744077842	["上海市"	0	0	0	0	1	
微博	成都收乌马	3061532382	小区鞭炮齐鸣，		正面负面	3:02:44	http://weibo.com/3061532382	["河北省"	0	0	0	-1	0	
微博	么么哒小河	6778069881	从今天起我要做一个		有感负面	22:11:47	http://weibo.com/6778069881	["河北省"	0	0	0	0	0	孔琳琳
微博	历史如明月	1879246074	环保从我做起，		正面	23:14:00	http://we[	["上海市"	0	0	0	-1	-1	箭厂视频
微博	ayaTT	3083733211	2019年新的一天，		上正面	13:20:02	http://we[	["上海市"	0	0	0	-1	1	
微博	乐思汇公	1696483827	想到学校的作业是参		中性	23:07:34	http://weibo.com/1696483827	["南京市"	0	0	0	-1	1	
微博	樊筑澜斯	6890781545	#我们的家园#看着		正面	15:19:39	http://we[	["江苏省"	0	0	0	-1	1	
微博	溧Sharon	1806814895	划重点。另外看到垃圾分类		负面	10:27:32	http://we[	["重庆市"	0	0	0	0		头条新闻
微博	wanna_33	2772912183	支持限进垃圾分类的进行时		正面	11:47:36	http://we[	["重庆市"	0	0	0	-1		头条新闻
微博	rego小曼	1981608582	濉河区创立讨论好发		负面	22:14:34	http://we[	["信阳市"	0	0	0	-1	1	孔琳琳
微博	一个放羊	1002085297	【参与建议，一个关		正面	23:26:24	http://weibo.com/1002085297	["河南省"	0	0	0	-1	1	
微博	微祖八高	1007335350	两个建议，一个关于		正面	13:30:16	http://weibo.com/1007335350		0	0	0	-1	1	
微博	绿灯眼	6191072804	转发微博		负面	21:03:08	http://weibo.com/6191072804		0	0	0	-1	1	
微博	像鲁风骨	1337842694	转发微博		正面	22:34:17	http://weibo.com/1337842694		0	0	1	-1	1	山东环境
微博	境Jing	1949590395	哈哈哈哈~~开场		正面	11:35:01	http://weibo.com/1949590395		0	0	0	220	1	aobag奥北
微博	蓝天白云只	5324194522	转发微博		正面	9:09:43	http://we["山东省"		0	0	0	-1	0	历下环保
微博	原来是理想	6597637510	转发微博		正面	21:26:33	http://we["济南市"["山东省"		0	0	0	-1	0	历下环保
微博	RoyWang眼	5718544123	转发微博		负面	11:49:40	http://weibo.com/5718544123		0	0	0	-1	0	AtmanRoy
微博	抱起王源儿	5824480558	好棒		负面	13:08:32	http://weibo.com/5824480558		0	0	0	-1	0	AtmanRoy
微博	阿一啊	5212848601	转发微博		负面	12:55:58	http://weibo.com/5212848601		0	0	0	-1	0	AtmanRoy
微博	theothers	5785657468	源泉羊苦了！很无实发		负面	12:27:09	http://weibo.com/5785657468		0	0	0	-1	0	AtmanRoy
微博	射手座荷茹	6192146068	转发微博		负面	20:49:50	http://weibo.com/6192146068		0	0	0	-1	0	AtmanRoy

附表5　2019年2月微博空间内生活垃圾分类政策相关信息（部分）

媒体名称	标签	情感属性	草莓及城区草莓及名	转发数	点赞数	评论数	博认证类	是否原创	原创作者	主题词	地域	发布热区	性别	发布日期	话题关键词
萌的季节	上海垃圾	正面	["",「上海市"]	0	0	0	-1	1	蕨代霜蛟	["垃圾"、	上海	闵北区	男	2019/2/20	上海垃圾分类
爷今生有	上海垃圾	负面	["上海市「福建省"]	0	0	0	-1	0		["垃圾"、	上海	黄浦区	女	2019/2/21	上海垃圾分类
孙屁欧	快手抖音	负面	["上海市「上海市"]	0	0	220	1		["垃圾、	上海	虹口区	男	2019/2/22	上海垃圾分类
唐小冲	涨上海	负面	["上海市「上海市"]	0	0	-1	0	唐小冲	["垃圾"	未知	未知	男	2019/2/23	上海垃圾分类
三里街消	#安徽反邦	负面	["上海「安徽省"]	0	0	1	0	安徽反邦井	["垃圾"、	北京	成都	男	2019/2/1	上海垃圾分类
Keine_Ahr	垃圾分类	正面		0	0	-1	1		["垃圾"、	四川	未知	女	2019/2/1	上海垃圾分类
怕突突	#上海将步	负面	["上海市「大理市"]	0	0	-1	1		["垃圾"、	北京	未知	女	2019/2/1	上海垃圾分类
我只是一	#大理大学	负面	["大理市「云南省"]	1	1	1	1		["垃圾"、	海外	未知	男	2019/2/1	上海垃圾分类
上海黄浦	#上海发布	负面	["上海市「上海市"]	0	1	3	1		["垃圾"、	上海	未知	男	2019/2/1	上海垃圾分类
陕西传媒	#西安今年	正面	["西安市「陕西省"]	1	1	1	1		["垃圾"、	陕西	西安	女	2019/2/1	上海垃圾分类
昆山发布	#昆阳现在	中性	["昆山市「江苏省"]	0	0	1	1		["垃圾"、	江苏	未知	男	2019/2/1	上海垃圾分类
邢台桥西	【7月1日中	中性	["上海市「上海市"]	0	0	-1	1		["垃圾"、	河北	未知	女	2019/2/1	上海垃圾分类
Andreynn	早安今天	中性	["上海市「上海市"]	3	15	3	1		["垃圾"、	新疆	吐鲁番	女	2019/2/1	上海垃圾分类
中国之声	#早安今天	负面	["上海市「上海市"]	2	0	-1	1		["垃圾"、	北京	未知	男	2019/2/1	上海垃圾分类
池中鸿叶	#上海通知	正面	["上海市「上海市"]	0	0	1	1		["垃圾"、	香港	未知	男	2019/2/1	上海垃圾分类
玄音匍空	#本各自由	正面	["上海市「重庆市"]	0	0	2	1		["垃圾、	重庆	未知	女	2019/2/1	上海垃圾分类
嗑盐股份	#上海将步	负面	["上海市「上海市"]	0	1	0	1		["垃圾"、	北京	东城区	男	2019/2/1	上海垃圾分类
车市观察	#环境保护	负面	["上海市「上海市"]	0	1	0	0	新浪上海	["垃圾"、	上海	徐汇区	女	2019/2/1	上海垃圾分类
用户6443S	#他们只是	负面	["上海市「上海市"]	0	0	-1	1		["垃圾"、	吉林	未知	男	2019/2/1	上海垃圾分类
上海杨浦	#上海将步	负面	["上海市「上海市"]	0	2	-1	1		["垃圾"、	上海	未知	女	2019/2/1	上海垃圾分类
韩大大	#我自己同	负面	["上海市「上海市"]	47	33	0	0	谣诼新闻	["垃圾"、	未知	未知	男	2019/2/1	上海垃圾分类
sven_shi	【上海垃	负面	["上海市「上海市"]	12	0	0	0	紫光阁	["垃圾"、	江苏	南京	男	2019/2/1	上海垃圾分类
网友强哥	#微分享	正面	["上海市「上海市"]	0	0	1	1		["垃圾"、	湖北	武汉	女	2019/2/1	上海垃圾分类
苏州司法	#盛世花园	中性	["上海市「苏州市"]	0	0	1	1	苏州工业	["垃圾"、	江苏	苏州	男	2019/2/1	上海垃圾分类
蓝色木L	#总算看到	负面	["上海市「上海市"]	0	0	-1	0	香港文汇	["垃圾"、	海外	未知	男	2019/2/1	上海垃圾分类
两面歪歪	#强制I强制	中性	["上海市「广西"]	1	0	1	1		["拳头"	广西	未知	女	2019/2/1	上海垃圾分类
上海环境	#小布微信	负面	["上海市「上海市"]	0	0	1	0	上海发布	["垃圾"、	未知	未知	男	2019/2/1	上海垃圾分类
金华暖	#浙江超I	负面	["上海「浙江省"]	0	0	0	0		["垃圾"	浙江	金华	男	2019/2/1	上海垃圾分类

附表 6　2019 年 2 月媒体主体微博空间内生活垃圾分类政策相关信息（部分）

来源媒体	媒体名称	微博uid	标题	摘要	情感属性	发文时间	链接	章提及城市及各省	含有源	转发数	评论数	点赞数	博认证类	是否原创	原创作者
微博	陕西传媒网	3019319754	#西安今年将实现垃	#西安今年将实现垃	中性	10:37:04	http://we	["陕西省"]	0	1	0	0	3	1	
微博	中国之声	1699540307	#早安今天#上海通过以	#早安今天#上海通过以	负面	7:00:03	http://we	["上海市"]	0	3	2	15	3	1	
微博	长江日报	1898268644	#新闻来了，早安武	#新闻来了，早安武	负面	7:52:16	http://we	["湖北省"]	0	0	0	2	3	1	
微博	太原新闻网	2346031615	#太原身边事#《	《太原身边事	负面	11:25:49	http://we	["山西省"]	0	1	5	8	3	1	
微博	中国之声	1699540307	#新闻调查#上海市#	负面	负面	16:36:15	http://we	["上海市"	0	1	0	0	3	1	
微博	FM88山西	1906881261	转发微博	正面	正面	10:10:03	http://we	["山西省"]	0	6	0	14	3	0	新华视点
微博	新华社中	1787920531	转发微博	正面	正面	0:22:01	http://we	["曹市"，"安徽省"	0	0	0	1	3	0	新华视点
微博	洛阳晚报	1260407871	【春节，杭州八成环	正面	正面	10:52:17	http://we	["曹市"，"安徽省"]	0	0	0	0	3	1	
微博	杭州in新	2624476495	【春节，杭州八成环	正面	正面	12:13:07	http://we	["杭州市"，"浙江省"	0	0	0	0	3	1	
微博	杭州in新	2624476495	【德清被省里表扬#	正面	负面	12:13:27	http://we	["湖州市"，"浙江省"]	0	0	0	0	3	1	
微博	爱德清	3212633697	【通报表扬】近日，	正面	正面	15:38:53	http://we	["建德市"，"浙江省"]	0	0	0	0	3	1	
微博	柯桥日报	2671220780	#点赞宁波#浙江通过	正面	正面	9:55:24	http://we	["建德市"，"浙江省"]	0	0	0	0	3	0	星之雇_微
微博	新浪宁波	1767760462	打算长期留目市以以	正面	正面	9:59:04	http://we	["宁波市"，"浙江省"]	0	0	0	0	3	1	
微博	chiliiko	3058688771	【赞！因为这项工作	正面	正面	11:16:46	http://weibo.com/3058688771	weibo.com/3058688771	0	0	0	0	3	1	
微博	湖州广电	3428595560	【这回"动真格了	正面	正面	16:08:58	http://we	["建德市"，"浙江省"]	0	0	0	0	3	1	
微博	锦风网	3033176100	【今年呼和浩特全面	负面	负面	15:00:31	http://we	["呼和浩特"，"内蒙古"	0	0	0	0	3	1	
微博	呼和浩特	1929638045	#生活垃圾分类C	负面	负面	9:44:30	http://we	["宁波市"，"浙江省"]	0	0	0	1	3	1	
微博	现代金报	2198123264	日前上午，越都社区	正面	正面	10:11:17	http://weibo.com/219812326 4	weibo.com/2198123264	0	0	0	0	3	1	
微博	诸暨日报	1409641392	#1067曦叭花快报#	正面	正面	10:29:20	http://we	["邹城市"，"山东省"	0	0	0	0	3	1	
微博	FM1067名	1625232640	【淄博身边事#	正面	正面	15:53:01	http://we	["淄博市"，"山东省"	0	1	1	2	3	1	
微博	鲁中晨报	1895096900	#深圳身边事#	正面	正面	13:03:04	http://we	["深圳市"，"广东省"	0	2	0	3	3	1	
微博	深圳新闻	1960433983	#红通省两会#	正面	正面	21:31:04	http://we	["莱西市"，"山东省"	0	0	0	0	3	1	
微博	威海日报	3891991160	【太原今年将创建G	正面	正面	12:45:03	http://we	["太原市"，"山西省"	0	0	0	0	3	0	河北农民
微博	山西云媒	2477959883	转发微博	正面	正面	22:53:38	http://we	["石家庄["河北省"]	0	1	0	0	3	1	
微博	FM981星星	5608027665	【在现场】	正面	正面	15:30:04	http://we	["镇江["江苏省"	0	3	1	2	3	1	
微博	中国环境	1451977335	【哈尔滨新闻#	正面	正面	8:07:04	http://we	["哈尔滨["黑龙江]	0	3	1	3	3	0	哈尔滨发
微博	新晚报	1709951635	【深圳将出台垃圾分	负面	负面	16:12:06	http://weibo.com/17099516 35	weibo.com/17099516 35	0	3	1	0	3	1	
微博	哈尔滨日报	6321540324	【上海自家垃圾分类	正面	正面	10:46:07	http://we	["深圳市["广东省"	0	0	0	0	3	1	
微博	深圳卫视	6524418583	【上海自家垃圾分类	负面	负面	16:29:56	http://we	["上海市["上海市"	0	0	0	0	3	1	
微博	看看新闻	1314608344	【生活垃圾怎么分类	中性	中性	10:35:18	http://we	["上海市["上海市"	0	7	7	22	3	1	

< > >| 2月　公众　媒体　政府

附表 7　2019 年 2 月公众主体微博空间内生活垃圾分类政策相关信息（部分）

来源媒体	媒体名称	微博uid	标题摘要	情感属性	发文时间	链接	章节及城市及名称及名含有城	转发数	评论数	点赞数	博认证类	是否原创	原创作者
微博	我的季节	1401006891	上海垃圾分类从2019	正面	9:16:57	http://we	["上海市"]	0	0	0	-1	0	巍代霜蚊
微博	令今生有1	1732565551	上海垃圾分类是这样	负面	18:41:29	http://we	["","上海省"福建省"	0	0	0	-1	0	
微博	孙尾欧	1765632232	快手抖音難知乎及	负面	19:48:51	http://we	["上海""上海市"	0	0	0	220	1	
微博	唐小冲	1214695565	湿垃圾，简单的说是	负面	22:33:23	http://weibo.com/5382675545	["上海市"	0	0	0	-1	0	唐小冲
微博	Keine_Ahr	5382675545	垃圾分类。自己傲须设	正面	11:12:27	http://we	["上海市"	0	0	0	-1	1	
微博	怕哭哭	5684895444	#上海将垃圾分	负面	6:07:20	http://we	["上海市"	0	0	0	-1	1	
微博	我只是一1	5767080076	#大理大学上海通过生	中性	12:29:37	http://we	["大理州"	0	0	0	-1	1	
微博	Andreymnf	6980777876	早安今天上海通过垃圾管	负面	8:43:12	http://we	["云南省"	0	0	0	-1	1	
微博	池中海屿	1766933060	上海通过上海将垃圾分	中性	7:07:25	http://we	["上海市"	0	1	1	0	1	
微博	玄音阔空	5832782298	#上海将垃圾分	正面	7:32:26	http://we	["上海市"	0	1	1	-1	1	新浪新闻
微博	车市观察V	1233914290	环境保护，从垃圾分	负面	7:40:18	http://we	["上海市"	0	0	0	0	1	
微博	王珊0324	5344664367	垃圾分类的入社会实先	负面	13:54:41	http://we	["上海市"	0	1	2	-1	1	
微博	用户64439	6443917296	我自己回家住在上海	负面	8:16:09	http://weibo.com/644391729G	["上海市"	12	47	33	0	1	澎湃新闻
微博	韩大大i	2208390550	总算看到了一条让人负	负面	2:41:30	http://we	["上海市"	0	0	0	-1	1	
微博	sven_shi	2382064902	总导强制垃圾分类了	中性	18:08:01	http://we	["上海市"	0	0	0	-1	1	紫光阁
微博	凯八九点	5448365252	#浙江超话#上海讲话	负面	10:13:12	http://we	["上海市"	0	0	0	0	1	
微博	网友强哥	5385167243	#上海将垃圾分	中性	7:20:17	http://we	["上海市"	0	0	1	-1	1	
微博	蓝色木Lyc	6539766302	#上海将垃圾分	负面	9:10:25	http://weibo.com/1849387701	["上海市"	0	0	0	0	1	香港文汇网
微博	西歪歪爱ll	1849387701	#上海将垃圾分类	中性	1:57:26	http://we	["上海市"	0	0	1	-1	1	
微博	金华眼	5533298723	#浙江超话##	负面	21:02:26	http://we	["浙江省"	0	0	0	0	1	
微博	用户768915	6891328501	#上海将垃圾分	中性	18:39:15	http://we	["上海市"	0	0	0	-1	1	
微博	sectionse	6797102460	#上海将垃圾分	中性	17:58:34	http://we	["上海市"	0	0	0	-1	1	
微博	monstrous	6899366415	#上海将垃圾分	中性	17:58:26	http://we	["上海市"	0	0	0	-1	1	
微博	clinic如对	6899372763	#上海将垃圾分	中性	17:49:57	http://we	["上海市"	0	0	0	-1	1	
微博	bank1988C	6722787973	#上海将垃圾分	中性	17:49:19	http://we	["上海市"	0	0	0	-1	1	
微博	tulip8432	6898546466	#上海将垃圾步	中性	17:49:08	http://we	["上海市"	0	0	0	-1	1	
微博	4668黄琹1	6890547754	#上海将垃圾步	中性	18:36:27	http://we	["上海市"	0	0	0	-1	1	
微博	88411晨小	6891371509	#上海将垃圾步	中性	18:36:25	http://we	["上海市"	0	0	0	-1	1	
微博	aerospace	6989411883	#上海将垃圾步	中性	17:56:49	http://we	["上海市"	0	0	0	-1	1	
微博	78679思惑	6776693521	#上海将垃圾步	中性	17:55:22	http://we	["上海市"	0	0	0	-1	1	
微博	2813企鹅I	6722895610	#上海将垃圾步	中性	17:50:13	http://we	["上海市"	0	0	0	-1	1	

附表 8　2019 年 3 月微博空间内生活垃圾分类政策相关信息（部分）

媒体名称	标题	情感属性	章提及城及文章提及名	转发数	评论数	点赞数	博认证数	是否原创	原创作者	主题词	地域	发布热区	性别	发布日期	主题关键词
滑散	上海垃圾	负面	["上海市"]["上海市"]	0	0	0	-1	1		["垃圾","未知]	未知	未知	女	2019/3/1	上海垃圾分类
欣易牌糖罐	转发微博	中性	["上海市"]["上海市"]	3	0	1	0	0	追剧料理	["垃圾",	未知	未知	女	2019/3/2	上海垃圾分类
K06209	#上海垃圾分类	负面	["上海市"]["上海市"]	0	0	0	-1	1		["垃圾","其他	其他	不限	男	2019/3/3	上海垃圾分类
K06209	转发微博	中性	["上海市"]["上海市"]	0	0	0	-1	1		["垃圾","未知]	未知	未知	男	2019/3/3	上海垃圾分类
白火朱红	转发微博	中性	["上海市"]["上海市"]	0	0	0	-1	0	追剧料理	["垃圾","塑料]	未知	未知	男	2019/3/5	上海垃圾分类
薄荷蓝火虫C	今年的目	正面	["上海市"]["上海市"]	0	0	0	220	1	我是科学	["塑料",	上海	浦东新区	女	2019/3/5	上海垃圾分类
上海环境	【上海垃	负面	["上海市"]["上海市"]	1	0	0	1	1		["垃圾",	河北	石家庄	男	2019/3/16	上海垃圾分类
吃饱了饿困	政府给每	负面	["上海市"]["上海市"]	0	0	0	-1	0	上海房多	["兔子",	上海	闵行区	女	2019/3/23	上海垃圾分类
erica享爱生	[兔子]今後正面	正面	["上海市"]["上海市"]	0	0	0	0	0	人民网	["视频",	福建	三明	男	2019/3/25	上海垃圾分类
江川创投	转发微博	正面	["大理市"]["云南省"]	0	0	0	0	0	张宇林	["要求",	未知	未知	女	2019/3/1	上海垃圾分类
DONMEP	#大理大学	负面		0	0	0	-1	1		["垃圾",	云南	曲靖	女	2019/3/1	上海垃圾分类
心变6337009	#大理大学	正面		0	0	0	-1	1		["垃圾","其他	其他	不限	女	2019/3/1	上海垃圾分类
素素没有站文	#大理大学	负面	["昆明市"]["云南省"]	0	0	0	-1	1		["垃圾",	云南	大理	女	2019/3/1	上海垃圾分类
zhang~z11张	垃圾分类、	负面	["大理市"]["云南省"]	0	0	0	-1	1		["垃圾","其他	其他	不限	男	2019/3/1	上海垃圾分类
Chestnut那	#大理大学	正面	["大理市"]["云南省"]	0	0	0	-1	1		["垃圾",	云南	大理	女	2019/3/1	上海垃圾分类
巴德的sin~阿	#大理大学	正面	["大理白]["江西省"]	0	0	0	-1	1		["垃圾",	江西	未知	男	2019/3/1	上海垃圾分类
安徽论坛	【做好社系	正面	["合肥市"]["安徽省"]	1	0	1	2	1		["垃圾",	安徽	合肥	男	2019/3/1	上海垃圾分类
何紫桐213	#大理大学	中性		0	0	0	-1	0		["垃圾",	云南	德宏	女	2019/3/1	上海垃圾分类
赵仁杰古	#大理大学	负面		0	0	0	-1	1		["垃圾",	北京	东城区	男	2019/3/1	上海垃圾分类
18汪字团支	垃圾分类、	负面	["大理市"]["云南省"]	1	0	1	-1	1		["垃圾","其他	其他	不限	男	2019/3/1	上海垃圾分类
阿96628	#焕然视图	负面	["大理市"]["云南省"]	0	1	0	-1	1		["垃圾","其他	其他	不限	男	2019/3/1	上海垃圾分类
萧山发布	#大理大学	正面	["兰鉴]["内蒙古]	1	0	0	1	1		["垃圾",	浙江	杭州	男	2019/3/1	上海垃圾分类
过客陈丽77	#大理大学	正面	["大理市"]["云南省"]	0	0	0	-1	1		["垃圾",	云南	未知	男	2019/3/1	上海垃圾分类
1189313	#大理大学	负面		0	0	0	-1	1		["垃圾",	云南	曲靖	女	2019/3/1	上海垃圾分类
用户67876791	#大理大学	负面		0	0	0	-1	1		["垃圾","其他	其他	不限	女	2019/3/1	上海垃圾分类
DAI兴慧	#大理大学	正面		0	0	0	-1	1		["垃圾",	云南	未知	女	2019/3/1	上海垃圾分类
焦毛盛	#大理大学	负面		0	0	0	-1	1		["大理",	未知	不限	男	2019/3/1	上海垃圾分类
梦楚农沃199	#大理好友	正面		0	0	0	-1	1		["垃圾","其他	其他	未知	女	2019/3/1	上海垃圾分类
转山1688	#大理大学	正面	["大理市"]["云南省"]	0	0	0	-1	1		["垃圾",	云南	不限	男	2019/3/1	上海垃圾分类

3月 | 政府 | 媒体 | 公众 +

附表 9　2019 年 3 月政府主体微博空间内生活垃圾分类政策相关信息(部分)

媒体名称	标题	情感属性	装裱及城镇章装及字	转发数	评论数	点赞数	附认证类	是否原创	原创作者	主题词	地域	发布热区	性别	发布日期	查询关键词
上海环境	【上海将对…	负面	["上海市"]	1	1	0	0	1		["垃圾","上海"	上海	未知	男	2019/3/5	上海垃圾…
包河城管	【做好垃圾…	正面		0	0	0	0	1		["垃圾","未知	未知	未知	男	2019/3/1	垃圾分类
萧山发布	【#萧然视频…	正面	["乌兰察["内蒙古	0	1	0	0	1		["垃圾","浙江	浙江	杭州	男	2019/3/1	垃圾分类
府城中山	【万东开展…	正面		1	0	0	0	1		["垃圾","未知	未知	未知	女	2019/3/1	垃圾分类
白杨街道	【云滨社区…	负面		0	0	0	0	1		["垃圾","未知	未知	未知	女	2019/3/1	垃圾分类
成都传媒	【成都垃圾分类…	负面	["成都市["四川省	0	0	0	0	0	天府文化	["垃圾","未知	未知	未知	男	2019/3/1	垃圾分类
宝桥桥街…	【践行垃圾…	正面		1	0	0	0	1		["垃圾","未知	未知	未知	男	2019/3/1	垃圾分类
宁波象山	【生活垃圾…	正面		1	0	0	0	1		["垃圾","上海	上海	奉贤区	男	2019/3/1	垃圾分类
奉贤青村	【今年全目…	正面	["南昌市["江西省	1	0	0	0	1		["垃圾","江西	江西	未知	男	2019/3/1	垃圾分类
南昌进贤	【合肥庐阳为增温厂…	正面	["合肥市["安徽省	0	0	0	0	1		["环保","安徽	安徽	合肥	男	2019/3/1	垃圾分类
合肥庐阳	【还不分…	正面	["上海市"]	0	0	0	0	0	上海环境	["垃圾","未知	未知	未知	女	2019/3/1	垃圾分类
青浦环境	【今天起,《…	中性	["昆明市["云南省	0	0	0	0	1		["垃圾","云南	云南	昆明	女	2019/3/1	垃圾分类
昆明市审	【昆明市为了打造…	中性	["昆明市["云南省	0	0	0	0	1		["环境","云南	云南	昆明	女	2019/3/1	垃圾分类
徐州市区	【3月1日,…	正面	["徐州市["江苏省	0	0	0	0	1		["垃圾","江苏	江苏	徐州	男	2019/3/1	垃圾分类
昆明市政	【#昆明新闻战…	中性	["昆明市["云南省	0	0	0	0	1		["环境","云南	云南	昆明	男	2019/3/1	垃圾分类
昆明统战	【#昆明城事…	中性	["昆明市["云南省	0	0	0	0	1		["垃圾","云南	云南	昆明	女	2019/3/1	垃圾分类
上城教育	【守护地3…	正面		0	0	0	0	1		["地球","未知	未知	未知	男	2019/3/1	垃圾分类
奉安环境	【胶州:打…	正面	["青岛市["山东省	0	0	0	0	0	山东环境	["胶州","山东	山东	未知	男	2019/3/1	垃圾分类
山东环境	【胶州!…	正面	["青岛市["山东省	3	3	1	4	1		["胶州","山东	山东	未知	男	2019/3/1	垃圾分类
昆明发布	【昆明身边…	正面	["昆明市["云南省	0	0	0	0	1		["垃圾","云南	云南	未知	男	2019/3/1	垃圾分类
南宁市江	【沙井街区…	正面		0	0	0	0	1		["环境","广西	广西	南宁	男	2019/3/1	垃圾分类
临沂临港	【胶州!…	正面	["青岛市["山东省	0	0	0	0	1		["胶州","山东	山东	临沂	男	2019/3/1	垃圾分类
哈尔滨城	【哈尔滨城转发微博	负面	["哈尔滨["黑龙江	0	0	0	0	0	哈尔滨文	["垃圾","未知	未知	未知	女	2019/3/1	垃圾分类
颜桥家园	转发微博	负面	["南京市["江苏省	0	0	0	0	0	上海城管	["垃圾","未知	未知	未知	男	2019/3/1	垃圾分类
江北新区	转发微博	正面	["南京市["江苏省	0	1	0	0	0	阳江发布	["垃圾","未知	未知	未知	男	2019/3/1	垃圾分类
高邮发布	转发微博	正面	["成都市["四川省	0	0	0	0	0	郫都发布	["垃圾","未知	未知	未知	女	2019/3/1	垃圾分类
郫都区花	转发微博	负面		0	0	0	0	0	鼓楼微讯	["垃圾","未知	未知	未知	女	2019/3/1	垃圾分类
凤凰街道	【我们的家运收…	负面		0	0	0	0	0	鼓楼微讯	["垃圾","未知	未知	未知	女	2019/3/1	垃圾分类
鼓楼微信	转发微博	正面													
江汉城管	转发微博	正面	["武汉市["湖北省	0	0	0	0	0	两江交汇	["江汉","未知	未知	未知	男	2019/3/1	垃圾分类

3月　政府　媒体　公众

附表 10　2019 年 3 月媒体主体微博空间内生活垃圾分类政策相关信息（部分）

来源媒体	媒体名称	微博uid	标题	摘要	情感属性	发文时间	链接	章节及城市及文章	章节及城市及文章2	转发数	评论数	点赞数	博认证类	是否原创	原创作者
微博	云南日报	3198471403	【昆明垃圾分类管理	中性	10:40:28	http://we	["云南省"	["昆明市"	0	0	0	3	1	
微博	百姓关注	1647210043	【贵阳的垃圾 何去主[	负面	19:21:42	http://we	["贵州省"	["贵阳市"	0	0	0	3	1	
微博	云南网	1959444680	【云·坡事件了	中性	10:30:03	http://we	["云南省"	["昆明市"	1	0	0	3	0	徐州发布
微博	徐州日报	3192308400	转发微博	正面	15:16:05	http://we	["江苏省"	["徐州市"	0	0	1	3	1	
微博	湖南广电	5156855628	【弘扬雷锋精神：志	正面	11:14:05	http://we	["浙江省"	["湖州市"	0	0	0	3	1	
微博	盛京视频	1843115271	【智能垃圾分类回收	负面	13:00:53	http://we	["辽宁省"	["沈阳市"	0	0	0	3	1	
微博	东方网	1918021250	会进行时# 今天（3	正面	22:07:45	http://we	weibo.com/1918021250		0	0	0	3	1	
微博	宜春日报	3005089724	#社会厂角#	正面	9:10:02	http://we	["江西省"	["宜春市"	0	0	1	3	1	
微博	海口日报	1973967044	【2019年，海南将新	正面	14:40:02	http://we	["海南省"	["海南省"	0	0	6	3	1	
微博	海南日报	3204782330	#醉美海南#【2019年	正面	11:29:02	http://we	["海南省"	["海南省"	1	1	0	3	1	
微博	看看新闻	6524418583	【陪邻居客厅变"旧衣	负面	14:48:07	http://we	["上海市"	["上海市"	0	0	0	3	1	
微博	四川观察	3203137375	【陪邻居客厅变"旧衣	负面	15:45:29	http://we	["上海市"	["上海市"	0	0	0	3	1	
微博	湖南广电	5156855628	【三进三服务、垃圾	负面	10:30:47	http://we	weibo.com/5156855628		0	0	1	3	1	
微博	新浪常州	5155939787	【龙城益市 益路有礼	正面	15:28:44	http://we	weibo.com/5155939787		0	0	0	3	1	
微博	宜春日报	3005089724	#宜春新闻#【	正面	9:15:35	http://we	["江西省"	["宜春市"	1	0	0	3	1	
微博	大连日报	182149918	【环保志愿者积极参	正面	16:30:03	http://we	weibo.com/182149918		2	0	0	3	0	王炸雨不
微博	无锡交通	1750349240	【做文明有礼浇湖	正面	18:03:49	http://we	["江苏省"	["无锡市"	1	0	0	3	1	
微博	嘉报集团	1504919582	转发微博	负面	23:52:05	http://we	["浙江省"	["嘉兴市"	0	0	0	3	0	
微博	内蒙古晨	1844967414	【环保特别人：红、	中性	14:24:48	http://we	["内蒙古	["内蒙古	0	0	0	3	1	
微博	聚春城	5040212698	#呼和浩特生活	分类#	13:15:01	http://we	["内蒙古	["内蒙古	0	0	0	3	1	
微博	内蒙古旅	6186720616	#呼和浩特爆料#	正面	9:30:25	http://we	["内蒙古	["内蒙古	0	0	1	3	1	
微博	绿叶编辑	1270579707	//@绿色观察员—#	正面	15:09:38	http://we	weibo.com/1270579707		0	0	0	3	0	中国环境
微博	巴南广播	3599276677	"雷家沱："雷家沱	正面	16:14:28	http://we	weibo.com/3599276677		0	1	0	3	1	
微博	三峡日报	2129452154	【雷锋纪念日#	正面	16:48:22	http://we	weibo.com/2129452154		1	0	0	3	1	
微博	三峡日报	2129452154	【雷锋纪念日#	正面	16:48:18	http://we	weibo.com/2129452154		1	0	1	3	1	
微博	三峡日报	2129452154	【雷锋纪念日#	正面	16:57:13	http://we	weibo.com/2129452154		0	0	0	3	1	
微博	老年之声	1835473531	转发微博	正面	10:47:34	http://we	weibo.com/1835473531		0	0	0	3	0	央视网
微博	第一新闻	1909377960	【"青春志愿风采	正面	12:01:24	http://we	["陕西省"	["西安市"	2	3	3	3	1	
微博	津云	2967529507	【您给垃圾分类吗？	负面	21:30:00	http://we	["天津市"	["天津市"	0	0	0	3	1	
微博	东方网评	2710468783	【垃圾分类#	负面	15:16:00	http://we	["浙江省"	[""]	0	0	0	3	1	

参考文献

[1]人民网舆情数据中心.2020年政务微博影响力报告[R/OL].[2020-01-22]. https://www.doc88.com/p-18373031398716.html.

[2]潘岳.环境保护与公众参与[J].文明,2005,30(8):6-8.

[3]杨婕敏.公众议程与政府议程良性互动机制研究[D].长沙:湖南大学,2013.

[4]HEEKS R,BAILUR S. Analyzing e-government research:Perspectives,philosophies, theories,methods,and practice-science direct[J]. Government Information Quarterly, 2007,24(2):243-265.

[5]杜涛.影响力的互动:中国公共政策传播模式变化研究[M].北京:中国社会科学出版社,2013:33.

[6]沈艳伟.公共政策传播中政府、媒体与公众互动关系研究[D].上海:华东师范大学,2018.

[7]韩为政.网民群体对于公共政策传播的强制性介入研究[J].河南大学学报(社会科学版),2018,58(6):133-139.

[8]刘雪明,沈志军.公共政策的传播机制[J].南通大学学报(社会科学版),2011(2):136-140.

[9]李希光,杜涛.超越宣传:变革中国的公共政策传播模式变化——以教育政策传播为例[J].新闻与传播研究,2009(4):71-79.

[10]ZHAO Y Z. Media market and democracy in China between the party line and the bottom line[J]. The Board of Trustees of the University of Illinois,1998:6.

[11]HUANG C J. Editorial from control to negotiation Chinese media in the 2000 [J]. International Communication Gazette,2007(9):402-412.

[12]WIGAND E D. Twitter in government:Building relationships one tweet at a time[J]. IEEE Computer Society,2010(1):563-567.

[13]SMALL T A. E-government in the age of social media:An analysis of the Canadian government's use of Twitter[J]. Wiley Periodicals,2012:91-111.

[14]薛丹.公共政策的新媒体传播及其效能提升研究[D].湘潭:湘潭大学,2016.

[15]李文竹.修辞语境下的新闻出版政策网络传播模式与效果研究:以"全民阅读"政策的微博传播为例[J].新闻世界,2015(9):173-175.

[14]雷甜,罗建宏.社会化媒体下公共政策网络传播机制实证研究:以浙江省"五水共治"为例[J].情报探索,2017(6):1-7.

[17]KHAN G F,YOON H Y,KIM J Y,et al. From e-government to social government:Twitter use by Korea's central government[J].Emerald,2012,38(1):95-113.

[18]BULLOCK K. The police use of social media:Transformation or normalization? [J].Social Policy&Society,2018,(17)2:245-258.

[19]万旋傲.网络传播环境下中国公共政策议程输入机制研究[D].上海:上海交通大学,2015.

[20]何晶,胥晓冬,王治国.新医改政策的新媒体传播研究:基于甘肃省的个案分析[J].现代传播(中国传媒大学学报),2017,39(12):30-36.

[21]WATERS R D,WILLIAMS J M. Squawking, tweeting, cooing, and hooting: Analyzing the communication patterns of government agencies on Twitter[J]. Journal of Public Affairs,2011,11(4):353-363.

[22]胡滨.网络传播对我国公共政策过程的影响及对策研究[D].昆明:云南大学,2012.

[23]杨新华.我国大众媒介对农村公共政策传播的现状及发展对策研究[D].湛江:广东海洋大学,2011.

[24]张铭铭."互联网+"视域下的公共政策传播途径研究[D].长沙:湖南大学,2018.

[25]罗月领.新媒体时代提高政策传播效果的策略[J].新闻与写作,2014(1):51-53.

[26]刘雪明,沈志军.公共政策传播机制的优化路径[J].吉首大学学报(社会科学版),2013,34(2):77-83.

[27]张淑华.新媒体语境下政策传播的风险及其应对[J].当代传播,2014(5):72-74,110.

[28]宋辰婷,刘少杰.网络动员：传统政府管理模式面临的挑战[J].社会科学研究,2014(5):22-28.

[29]朱春阳.政府新媒体传播：如何跨越数字鸿沟[J].华中传播研究,2015(1):1-16.

[30]安德森.公共政策制定[M].谢明,译.北京：中国人民大学出版社,2009:5.

[31]张中华.我国城市生活垃圾分类的政策工具研究[D].济南：山东大学,2017.

[32]赵蓉英,曾宪琴.微博信息传播的影响因素研究分析[J].情报理论与实践,2014,37(3):58-63.

[33]陈强,徐晓林.网络群体性事件演化要素研究[J].情报杂志,2010,29(11):15-18,43.

[34]管玉瑶.《旅行青蛙》在社交圈走红原因分析：基于马尔科姆·格拉德威尔的"引爆点"理论[J].新媒体研究,2018,4(7):1-8.

[35]李嘉敏.引爆点理论下的抖音短视频App走红探究[J].新媒体研究,2018,4(12):124-126.

[36]杜怿平,秦福贵.网络时代的流行传播机制探析：重新阐释《引爆点：如何制造流行》三法则[J].广州大学学报(社会科学版),2017,16(12):75-79.

[37]朱凤,欧晓勇.网红洪崖洞爆点营销：顾客联想、新媒体传播——基于引爆点理论的探究[J].智库时代,2018(44):36-37.

[38]蒋心路.基于移动互联网视角下的小米"米粉"社群构建和运营研究[D].南京：东南大学,2019.

[39]陈航,吴志远.消费升级背景下企业品牌传播与质量提升路径研究[J].学习与实践,2018(8):44-49.

[40]NARDI B A,O'DAY V L.Bonnie A.Information Ecologies:Using Technology with Heart[M].London:The MIT Press,1999:143-145.

[41]陈曙.信息生态研究[J].图书与情报,1996(2):12-19.

[42]蒋存录.信息生态与社会可持续发展[M].北京：北京图书馆出版社,2003:140.

[43]靖继鹏.信息生态理论研究发展前瞻[J].图书情报工作,2009(2):5-7.

[44]严丽.信息生态因子分析[J].情报杂志,2008(4):77-79.

[45]李美娣.信息生态系统的剖析[J].情报杂志,1998,17(4):3-5.

[46]娄策群,周承聪.信息生态链：概念、本质和类型[J].图书情报工作,2007(9):29-32.

[47]娄策群.信息生态位理论探讨[J].图书情报知识,2006(5):23-27.

[48]刘志峰,李玉杰.信息生态位概念、模型及基本原理研究[J].情报杂志,2008(5):28-30.

[49]杨克岩.电子商务信息生态系统的构建研究[J].情报科学,2014,32(3):37-41.

[50]宋丹,周晓英,郭敏.网络健康信息生态系统构成要素分析[J].图书与情报,2015(4):11-18.

[51]曲靖野,张向先,孙笑宇.虚拟企业联盟信息生态系统构建研究[J].情报科学,2015,33(5):28-32.

[52]马捷,魏傲希,靖继鹏.微博信息生态系统公共事件驱动模式研究[J].图书情报知识,2014(4):106-115.

[53]马捷,魏傲希,王艳东.网络信息生态系统生态化程度测度模型研究[J].图书情报工作,2014,58(15):6-13,27.

[54]张喜艳,王美月,高嵩.教育网络信息生态系统生态化程度测评与优化[J].中国电化教育,2015(10):68-74.

[55]杨梦晴,王晰巍,相甍甍,等.移动消费用户情境信息共享行为影响因素实证研究:基于信息生态因子视角[J].情报资料工作,2017(4):15-22.

[56]朱如龙,沈烈.信息生态因子视角下图书馆舆情信息服务质量影响因素分析[J].图书馆工作与研究,2020(6):5-15.

[57]唐义.公共数字文化信息生态系统主体及其因子分析[J].图书与情报,2014(1):111-116.

[58]向尚,邹凯,张中青,等.智慧城市信息生态链的系统动力学仿真分析[J].情报杂志,2017,36(3):155-160,154.

[59]张向先,刘宏宇,胡一.社交网络信息生态链的形成机理及影响因素实证研究[J].图书情报工作,2014,58(16):36-41.

[60]李宗富,张向先.政务微信信息生态链的构成要素、形成机理、结构与类型[J].情报理论与实践,2016,39(8):32-39.

[61]杨逐原,周翔.网络信息生态位视域下网络劳动者的主体性与价值增值分析[J].西南民族大学学报(人文社科版),2016,37(2):153-160.

[62]娄策群,周承聪.信息服务机构信息生态位的优化策略[J].情报理论与实践,2011,34(6):1-3,7.

[63]杨光,彭广福.信息生态位在政府信息公开中的应用探析[J].现代情报,2015,

35(4):3-7.

[64]DEUTSCH K M. Social mobilization and political development[J]. The America Political Review,1961,55(3):493-514.

[65]CHARLES T. From Mobilization to Revolution[M]. New York:Mcgraw-Hill, 1977:69.

[66]克兰德尔曼斯. 抗议的社会建构和多组织场域[M]. 刘能,译. 北京:北京大学出版社,2002:93.

[67]陈潭. 政策动员、政策认同与信任政治:以中国人事档案制度的推行为考察对象[J]. 南京社会科学,2006(5):65-71.

[68]杨正联. 政策动员及其当代中国向度[J]. 人文杂志,2008(3):67-73.

[69]李勇军. 政策动员及其在中国的转向[J]. 云南行政学院学报,2011,13(3):40-42.

[70]谭翀,严强. 从"强制灌输"到"政策营销":转型期中国政策动员模式变迁的趋势与逻辑[J]. 南京社会科学,2014(5):62-69.

[71]彭正德. 阶级动员与认同聚合:党在乡村社会的一种政策动员模式——以湖南省醴陵县为中心的考察[J]. 湖南师范大学社会科学学报,2011,40(6):50-55.

[72]吕萍,胡元瑞. 人情式政策动员:宗族型村庄中的国家基层治理逻辑——基于江西省余江县宅改案例的分析[J]. 公共管理学报,2020,17(3):150-163,176.

[73]岳敏. "村改社":社区动员与社区居民参与的实践逻辑[D]. 长沙:中南大学,2010.

[74]狄金华. "权力-利益"与行动伦理:基层政府政策动员的多重逻辑——基于农地确权政策执行的案例分析[J]. 社会学研究,2019,34(4):122-145,244-245.

[75]罗朝丹. 创建国家卫生县城的政策动员与长效治理[D]. 济南:山东大学,2020.

[76]GREK S. OECD as a site of co-production:European education governance and the new politics of "policy mobilization"[J]. Critical Policy Studies,2014,(8)3:266-281.

[77]文智源. 边缘化社区垃圾分类动员困境及优化路径研究:以上海市新桥镇新华公寓、杉华公寓为例[J]. 能源与环境,2020(5):62-63,66.

[78]徐振波. 提高生活垃圾分类政策动员的有效性[J]. 政策瞭望,2019(4):36-37.

[79]王诗宗,罗凤鹏. 基层政策动员:推动社区居民参与的可能路径[J]. 南京社会科学,2020(4):63-71.

[80]BIMBER B. The Internet and political mobilization：Research note on the 1996 election season[J]. Social Science Computer Review,1998,16(4):391－401.

[81]罗佳,刘小龙.网络动员与现代思想政治工作的方法改进[J].求实,2006(3):80－82.

[82]丁慧民,韦沐,杨丽.网络动员及其对高校政治稳定的冲击与挑战[J].北京青年政治学院学报,2006(2):28－32.

[83]章友德,周松青.资源动员与网络中的民间救助[J].社会,2007(3):70－91,207.

[84]郭小安.网络抗争中谣言的情感动员:策略与剧目[J].国际新闻界,2013,35(12):56－69.

[85]陈晨.共青团的情感动员与凝聚力发挥[J].中国青年研究,2019(6):19－25,40.

[86]隋文婷.网络公共事件中的情感动员研究[D].南京:南京师范大学,2016.

[87]俞鸿.网络动员:如何从虚拟到现实？[J].东南传播,2010(1):74－75.

[88]晏荣.网络动员:社会动员的一种新形式[D].北京:国家行政学院,2009.

[89]涂光晋,陈敏.基于新浪微博平台的网络动员机制研究[J].新闻界,2013(2):56－59,72.

[90]吕欣,戴春旭.明星粉丝社群的网络动员机制研究[J].传媒,2019(24):88－90.

[91]RITVALA T,SALMI A. Value-based network mobilization:A case study of modern environmental networkers[J]. Industrial Marketing Management,2010(39):898－907.

[92]刘秀秀.网络动员中的国家与社会:以"免费午餐"为例[J].江海学刊,2013(2):105－110.

[93]COPPOCK A,GUESS A, TERNOVSKI J. When treatments are tweets:A network mobilization experiment over Twitter[J]. Political Behavior,2016,38(1):105－128.

[94]郭剑飞.共青团网络动员影响机理研究[D].昆明:昆明理工大学,2017.

[95]徐祖迎.网络动员及其管理[D].天津:南开大学,2013.

[96]SOONA C,CHOB H. OMGs! Offline-based movement organizations,online-based movement organizations and network mobilization:A case study of political bloggers in Singapore[J]. Information,Communication&Society,2014,(17)5:537－559.

[97]祁晨.网络动员生成机制与效应引导研究[D].芜湖:安徽师范大学,2014.

[98]尹瑛.冲突性环境事件中公众参与的新媒体动员：以北京六里屯和广州番禺居民反建垃圾焚烧厂事件为例[C]."传播与中国·复旦论坛"(2010)——信息全球化时代的新闻报道：中国媒体的理念、制度与技术论文集,2010:10.

[99]李春雷,舒瑾涵.环境传播下群体性事件中新媒体动员机制研究：基于昆明PX事件的实地调研[J].当代传播,2015(1):50-54.

[100]孙祎妮.从集体性行动到连结性行动：新媒体时代社会运动动员结构的理论初探[J].新闻界,2015(21):4-10.

[101]吴抒颖.环保NGO在环保行动中的新媒体动员与监督机制[D].广州:暨南大学,2016.

[102]张传香.新媒体下的社群组织类型、社会动员及舆论引导：以山东于欢刺死辱母者案为例[J].现代传播(中国传媒大学学报),2017,39(8):70-73.

[103]邓力.新媒体环境下的集体行动动员机制：组织与个体双层面的分析[J].国际新闻界,2016,38(9):60-74.

[104] BEKKERS V,BEUNDERS H,EDWARDS A,et al. New media,micro-mobilization,and political agenda setting:Crossover effects in political mobilization and media usage[J]. The Information Society,2011,27(4):209-219.

[115]ENJOLRAS B,STEEN-JOHNSEN K,WOLLEBACK D. Social media and mobilization to offline demonstrations:Transcending participatory divides?[J]. new media&society,2012,15(6):890-908.

[106]LINDGREN S,LUNDSTRÖM R. Pirate culture and hacktivist mobilization:The cultural and social protocols of WikiLeaks on Twitter[J]. New Media&Society,2011,13(6):999-1018.

[107]王甜.邻避事件的社交媒体动员策略与结构研究[D].南京:南京大学,2018.

[108]阿希塔,张磊.新媒体视域下环保传播及其社会动员策略研究：以"一亿棵梭梭"环保公益项目为例[J].传媒,2020(15):41-44.

[109]KHONDKER H H. Role of the new media in the Arab Spring[J]. Globalizations,2011,8(5):675-679.

[110]STEIN E A. Are ICTs democratizing dictatorships? New media and mass mobilization[J]. Social Science Quarterly,2017,98(3):914-941.

[111]VISSERS S,HOOGHE M,STOLLE D,et al. The impact of mobilization media on off-line and online participation:Are mobilization effects medium-specific?

[J]. Social Science Computer Review,2012,30(2):152 - 169.

[112]许志红,刘永贤.新媒体动员对大学生参与集体行动的影响:中介和调节效应检验[J].黑龙江高教研究,2019,37(2):122 - 126.

[113]徐明,李震国.网络社会动员作用机制与路径选择[J].中国行政管理,2016(10):51 - 56.

[114]王晰巍,张文晓,郭宇.微博信息生态链的形成机理及仿真研究:以新浪微博低碳技术话题为例[J].情报理论与实践,2015,38(6):23 - 28.

[115]冯小东,马捷,蒋国银.社会信任、理性行为与政务微博传播:基于文本挖掘的实证研究[J].情报学报,2019,38(9):954 - 965.

[116]谷利影.新媒体环境下民间公益组织社会动员模式研究[D].上海:上海师范大学,2018.

[117]谭毅.共青团运用新媒体动员青年的必要性、模式与改进[J].青年探索,2016(1):34 - 41.

[118]李云新,张海舒.基于微博特征的政务微博运行效果研究:以"@上海发布"为例[J].电子政务,2015(1):52 - 59.

[119]王鲁峰,王碧莹,张玉珊.高校微信公众号的传播与互动研究:基于15个高校微信公众号的个案分析[J].新媒体研究,2019,5(1):17 - 22.

[120]杨爱青.基于内容分析的政务新媒体传播路径研究:以政务微信"成都发布"为例[J].新闻研究导刊,2019,10(24):19 - 20,22.

[121]霍明奎,蒋春芳.基于信息生态理论的政务微信平台用户互动意愿影响因素及提升策略研究[J].电子政务,2020(3):110 - 120.

[122]MA Z Y, SUN A X, CONG G. On predicting the popularity of newly emerging hashtags in Twitter[J]. Journal of the American Society for Information Science and Technology,2013,64(7):1399 - 1410.

[123]郭小安,霍凤.媒介动员:概念辨析与研究展望[J].新闻大学,2020(12):61 - 75,120 - 121.

[124]刘婷.强信任:公共危机事件中新媒体社会动员研究——以抗击新型冠状肺炎中微博动员为例[J].华中师范大学研究生学报,2020,27(2):30 - 34.

[125]黄缅.微博新闻多模态话语的符际关系及意义建构[J].西南民族大学学报(人文社会科学版),2013,34(7):172 - 175.

[126]郭庆光.传播学教程[M].北京:中国人民大学出版社,1999:195.

[149]IYENGAR S,KINDER D R. News that matters：Television and American opinion[M]. Chicago：University of Chicago Press,1987：5－12.

[128]GRABER D A. Mass Media and American Politics[M]. Washington D. C. ：CQ Press,1984：25－27.

[129]NAPOLI P. Audience Evolution：New Technologies and the Transformation of Media Audiences[M]. New York：Columbia University Press,2011：2.

[130]史安斌. 细分网站：互联网发展新突破口[J]. 人民论坛,2016(19)：24－27.

[131]ELDER C D,COBB R W. Agenda-building and the politics of aging[J]. Policy Studies Journal,1984(1)：115－129.

[132]麦库姆斯. 议程设置：大众媒介与舆论[M]. 2 版. 郭镇之,徐培喜,译. 北京：北京大学出版社,2018：4.

[133]LANG G E,LANG K. The Battle for Public Opinion：The President,the Press, and the Polls During Watergate[M]. New York University Press,1983：58－59.

[134]WEAVER D,ELLIOTT S N. Who sets the agenda for the media？A study of local agenda-building[J]. Journalism & Mass Communication Quarterly, 1985(1)：87－94.

[135]陈林. 创建全国文明城市动员的议题建构研究[D]. 上海：华东师范大学,2019.

[136]COBB R,ROSS J K,ROSS M H. Agenda building as a comparative political process[J]. American Political Science Review,1976(1)：126－138.

[137]赛佛林,坦卡德. 传播理论：起源、方法与应用[M]. 郭镇之,徐培喜,等译. 北京：中国传媒大学出版社,2006：201.

[138]EISINGER P K. The conditions of protest behavior in American cities[J]. American Political Science Review,1973,67(1)：11－28.

[139]JENKINS J C,PERROW C. Insurgency of the powerless：Farm worker movements (1946—1972)[J]. American Sociological Review,1977,42(2)：249－268.

[140]赵鼎新. 社会与政治运动讲义[M]. 北京：社会科学文献出版社,2012：191－192.

[141]TARROW S. Power in Movement：Social Movements,Collective Action and Politics[M]. Cambridge：Cambridge University Press,1983：11.

[142]NENTWICH M. Opportunity structures for citizens' participation：The case of the European Union[J]. European Integration Online Papers,1996(1)：3.

[143]蒂利,塔罗.抗争政治[M].李义中,译.南京:译林出版社,2010:62.

[144]陈丹丹,马晨晨.环境公共事件中大众建构话语权的政治机会结构分析:以"湖北仙桃垃圾焚烧发电事件"为例[J].新闻知识,2018(8):31-34.

[145]朱海忠.政治机会结构与农民环境抗争[J].中国农业大学学报(社会科学版),2013(1):102-110.

[146]赵玉林.从邻避冲突案例看网络动员平台的迁移:基于政治机会结构理论的分析[J].理论与现代化,2018(4):104-111.

[147]崔翔.现阶段中国群体性事件研究[D].长春:吉林大学,2011.

[148]LUHMANN N. Ecological Communication[M]. Chicago:University of Chicago Press,1989:28.

[149]COX R. Environmental Communication and Public Sphere[M]. London:Sage,2006:20.

[150]王莉丽.绿媒体:中圈环保传播研究[M].北京:清华大学出版社,2005:5.

[151]刘涛.环境传播的九大研究领域(1938—2007):话语、权力与政治的解读视角[J].新闻大学,2009(4):97-104.

[152]郭小平.环境传播:话语变迁、风险议题建构与路径选择[M].武汉:华中科技大学出版社,2013:18.

[153]考克斯.假如自然不沉默:环境传播与公共领域[M].纪莉,译.北京:北京大学出版社,2016:17-19.

[154]TORGERSON D. The Promise of Green Politics:Environmentalism and Public Sphere[M]. Durham,NC:Duke University Press,1999:32.

[155]刘涛.环境传播:话语、修辞与政治[M].北京:北京大学出版社,2011:39-42.

[156]DIET T,STERN P C. Public Participation in Environmental Assessment and Decision Making[M]. Washington D. C. :National Academies Press,2008:125.

[157]BENDIX J,LIEBLER C M. Place,distance,and environmental news:Geographic variation in newspaper coverage of the spotted owl conflict[J]. Annals of the Association of American Geographers 1999,89(4):658-67.

[158]MCMANUS. Beyond Kyoto? Media representation of an environmental issue[J]. Australian Geographical Studies,2000,38(3):306-319.

[159]ROSENAU J N. Governance in the twenty-first century[J]. Nature,2007,

449(7161):405.

[160]FOSTER D M,MURPHY P. Resort cycle revisited the retrivement connection [J]. Annals of Tourism Research,1991,18(4):553 - 567.

[161]GREENBERG J,MACAULAY M. NPO 2.0? Exploring the web presence of environment nonprofit organizations in Canada[J]. Global Media Journal—Canada Edition,2009(2):63 - 79.

[162]苏国勋. 社会学与社会建构论[J]. 国外社会科学,2002(1):4 - 13.

[163]周乾坤. 环境问题的社会建构过程研究[D]. 沈阳:沈阳师范大学,2021.

[164]李功成. 垃圾分类环境主张建构研究[D]. 广州:暨南大学,2020.

[165]汉尼根. 环境社会学[M]. 洪大用,译. 北京:中国人民大学出版社,2009: 63 - 64.

[166]洪长安. 环境问题的社会建构过程研究[D]. 上海:上海大学,2010.

[167]綦星龙. 微博中公共环境危机的话语构建与传播功能[D]. 重庆:重庆大 学,2014.

[168]曾润喜,杜洪涛,王晨曦. 互联网环境下公众议程与政策议程的关系及治理进 路[J]. 管理世界,2016(10):180 - 181.

[169]徐晓新,张秀兰. 共识机制与社会政策议程设置的路径:以新型农村合作医疗 政策为例[J]. 清华大学学报(哲学社会科学版),2016(3):26 - 37.

[170]况广收,胡宁生. 社交媒体时代的政策议程设置:基于多源流理论的分析[J]. 南京社会科学,2017(10):74 - 80.

[171]鲁先锋."权力距"视野下的政策议程设置研究[J]. 上海行政学院学报,2012, 13(2):69 - 75.

[172]王绍光. 中国公共政策议程设置的模式[J]. 学术研究,2009(8):62 - 67.

[173]费久浩. 政策议程设置中网民触发模式的基本要素分析[J]. 四川师范大学学 报(社会科学版),2015(5):75 - 82.

[174]陈丽园. 环境风险沟通的议题建构与主体互动分析[D]. 广州:暨南大 学,2013.

[175]张玥. 新浪微博中环境风险信息的传播特征研究[D]. 保定:河北大学,2019.

[176]胡嘉彤. 雾霾议题中对抗性话语的生成与建构研究[D]. 南京:南京大 学,2019.

[177]袭亮,孙琳玥. 公共政策制定过程中公众参与分析:以中泰垃圾焚烧厂事件为

例[J].山东行政学院学报,2019(4):23-28.

[178]黎瑞,朱兵强.重大行政决策公众参与的实效性及其提升路径[J].湘潭大学学报(哲学社会科学版),2017(5):16-17.

[179]陈力丹.关于媒介素养与巧闻教育的网上对话[J].湖南大众传媒职业技术学院学报,2007(2):22-24.

[180]戴建华,高星,廖瑞丹.基于郎之万方程的网络舆情共振研究[J].情报科学,2018,36(6):68-72.

[181]梁艳平,安璐,刘静.同类突发公共卫生事件微博话题共振研究[J].数据分析与知识发现,2020,4(Z1):122-133.

[182]郭小平,李晓.环境议题的"能见度"之变与电视话语建构:以央视《新闻调查》(2000—2019)为例[J].厦门大学学报(哲学社会科学版),2020(2):41-51.

[183]TAJFEL H. European Studies in Social Psychology[M]. Cambridge:Cambridge University Press,1982:9.

[184]夏征农.辞海[M].上海:上海辞书出版社,2001:1763.

[185]史献芝,刘建明.建国以来农民政治认同内在生发机制谱系的梳理及启示[J].当代世界与社会主义,2011(3):97-101.

[186]杜涛.影响力的互动:中国公共政策传播模式变化研究[M].北京:中国社会科学出版社,2013:33.

[187]王培培,梁涛,左苗苗,等.基于发光共振能量转移的比率型上转换荧光纳米探针检测次硝酸[J].化学学报,2020(6):1-8.

[188]杜年茂,徐佳陈,肖志勇.基于卷积神经网络的欠采样脑部核磁共振图像重建方[J].计算机应用,2020(6):1-8.

[189]IVAKHIV A. From frames to resonance machines:The neuropolitics of environmental communication[J]. Environmental Communication,2010,4(1):109-121.

[190]LONDON J K,ZAGOFSKY T M,HUANG G L. Collaboration,participation and technology:The San Joaquin Valley cumulative health impacts project[J]. International Journal of Community Research and Engagement,2011(4):12-30.

[191]LIEVANOS R S. Certainty,fairness,and balance:State resonance and environmental justice policy implementation[J]. Sociological Forum,2012,27(2):480-503.

[192]陈兴发.环境公正的国家共振理论[J].江海学刊,2015(6):129-134,239.

[193]陈兴发.国家共振：当下中国政府公共决策模式的内在逻辑[J].理论建设，2019(5)：39-44.

[194]方付建，肖林，王国华.网络舆情热点事件"系列化呈现"问题研究[J].情报杂志，2011，30(2)：1-5.

[195]郭小安.网络舆情联想叠加的基本模式及反思：基于相关案例的综合分析[J].现代传播(中国传媒大学学报)，2015，37(3)：123-130.

[196]冯丙奇.次生舆情是如何生成的[J].人民论坛，2019(11)：112-113.

[197]朱力，曹振飞.结构箱中的情绪共振：治安型群体性事件的发生机制[J].社会科学研究，2011(4)：83-89.

[198]连芷萱，连增水，张秋波，等.面向突发事件的网络衍生舆情预警模型与实证研究[J].情报杂志，2019，38(3)：133-140.

[199]ALEXANDER D. Disease epidemiology and earthquake disaster：The example of Southern Italy after the 23 November 1980 Earthquake [J]. Social Science&Medicine，1982，22(1)：18-23.

[200]李艺全，张燕刚.高校网络舆情共振现象仿真及应对策略研究[J].情报杂志，2019，38(12)：107-113.

[201]胡茑庆，温熙森，陈敏.随机共振原理在强噪声背景信号检测中的应用[J].国防科技大学学报，2001(4)：40-44.

[202]COBB R W，ELDER C D. The politics of agenda-building：An alternative perspective for modern democratic theory[J]. Journal of Politics，1971，33(4)：892-894.

[203]郭小平."邻避冲突"中的新媒体、公民记者与环境公民社会的"善治"[J].国际新闻界，2013，35(5)：52-61.

[204]陈姣娥，王国华.网络时代政策议程设置机制研究[J].中国行政管理，2013(1)：28-33.

[205]武晗，王国华.注意力、模糊性与决策风险：焦点事件何以在回应型议程设置中失灵？——基于40个案例的定性比较分析[J].公共管理学报，2021(2)：1-21.

[206]薛晓源，刘国良.全球风险世界：现在与未来：德国著名社会学家、风险社会理论创始人乌尔里希·贝克教授访谈录[J].马克思主义与现实，2005(1)：44-55.

[207]刘景芳.中国绿色话语特色探究：以环境NGO为例[J].新闻大学，2016(5)：8-16，7，145.

[208]俞树毅.试论我国《环境保护法》的修改:以环境公共政策为视角[J].兰州大学学报(社会科学版),2007(6):104-111.

[209]SIMON H A. Reasons in Human Affairs[M]. Palo Alto:Stanford University Press,1983:20-48.

[210]张紧跟.公民参与地方治理的制度优化[J].政治学研究,2017(6):91-102.

[211]魏淑艳,孙峰."多源流理论"视阈下网络社会政策议程设置现代化:以出租车改革为例[J].公共管理学报,2016,13(2):1-13,152.

[212]ZHANG X,DING X. Public focusing events as catalysts:An empirical study of "pressure induced legis lations" in China[J]. Journal of Contemporary China, 2017,26(107):1-15.

[213]赵静,薛澜.回应式议程设置模式:基于中国公共政策转型一类案例的分析[J].政治学研究,2017(3):42-51.

[214]庞明礼.领导高度重视:一种科层运作的注意力分配方式[J].中国行政管理,2019(4):93-99.

[215]杨宇,谢琳琳,张远林,等.公共投资建设项目决策中的公众参与机制[J].重庆建筑大学学报,2006,28(2):107-110.

[216]KINGDON J W. Agendas,Alternatives,and Public Policies[M]. New York:Longman,1995:65-68.

[217]袁国平,许晓兵.基于系统动力学的关于突发事件后网络舆情热度研究[J].情报科学,2015,33(10):52-56.

[218]杨雄.基于因果回路图的网络舆情热度演化模型研究[J].常州工学院学报,2013,26(6):21-25,33.

[219]曹学艳,张仙,刘樑,等.基于应对等级的突发事件网络舆情热度分析[J].中国管理科学,2014,22(3):82-89.

[220]张仙.公共危机网络舆情影响因素的影响力评价指标体系构建研究[D].成都:电子科技大学,2013.

[221]张一文,齐佳音,方滨兴.非常规突发事件网络舆情热度评价体系研究[J].情报科学,2011,29(9):1418-1424.

[222]程守洙,江之水.普通物理学[M].北京:高等教育出版社,1982:170.

[223]焦尚彬,何童.基于双稳随机共振的多频弱信号检测[J].计算机工程与应用,2014(5):221-226.

[224]张宇,自海峰,赵远,等.基于非线性系统随机共振的多频弱信号检测[J].吉林大学学报(信息科学版),2007(1):68-72.

[225]韩立新,霍江沛.“蝴蝶效应”与网络舆论生成机制[J].当代传播,2008(6):64-67.

[226]XIAO T,LIU H. Empirical study on the impacts of productivity heterogeneity in Chinese service industry on the urban-rural income gap [J]. Journal of Management Science,2013,26(4):103-112.

[227]王国红.试论政策执行中的政策认同[J].湖南师范大学社会科学学报,2007(4):46-49.

[228]桑玉成.政策预期与政策认同及其对于社会公正的意义[J].吉林大学社会科学学报,2006(4):32-37.

[229]JONES C O,THOMAS R D. Public Policy Making in Federal System[M]. Beverly Hills:Sage,1976:48.

[230]于铁山.延迟退休年龄政策的社会认同与影响因素:基于CLDS(2014)数据的实证研究[J].社会工作与管理,2017,17(6):74-79.

[231]王结发.论制度认同[J].兰州学刊,2009(12):23,28-33.

[232]乔成邦.新型农村社区建设:制约因素与路径选择:基于政策执行的视角[J].农村经济,2013(4):51-54.

[233]石火学.教育政策认同的意义、障碍与对策分析:教育政策执行视域[J].重庆大学学报(社会科学版),2012,18(1):148-153.

[234]吴鹏,付卫东.免费师范毕业生政策认同度低的原因及应对策略[J].教育与经济,2016(1):63-67.

[235]张莉.网络时代大众媒介、公众、政府议程互动模式的建构与解读:基于网络事件中媒介议程设置的思考[J].社会科学论坛,2012(3):214-220.

[236]喻国明,杨晓燕.目标设定的兼容与资源配置的优化:试论舆论引导的选择性操作[J].青年记者,1997(6):7-10.

[237]江作苏,孙志鹏.环境传播议题中“三元主体”的互动模式蠡探[J].中国地质大学学报,2017(1):110-119.

[238]党秀云.论公共管理中的公民参与[J].中国行政管理,2003(10):32-35.

[239]蔡定剑.公众参与及其在中国的发展[J].团结,2009(4):32-35.

[240]蔡梅兰.公众参与视角下提升公共服务有效供给的对策[J].行政管理改革,2017,9(9):38-42.

[241]蔡曙山.认知科学框架下心理学、逻辑学的交叉融合与发展[J].中国社会科学,2009(2):25-38.

[242]黄航.论认知矛盾与思想政治教育[J].学术论坛,2012,35(10):51-54.

[243]叶斌.笛卡尔与认知科学中的表征争议[J].科学技术哲学研究,2021,38(4):33-38.

[244]王沛,贺雯.社会认知心理学[M].北京:北京师范大学出版社,2015:2.

[245]王歆.认同理论的起源、发展与评述[J].新疆社科论坛,2009(2):78-83.

[246]李丹.阿尔蒙德公民文化理论研究[D].呼和浩特:内蒙古大学,2015.

[247]周源,刘怀兰,杜朋朋,等.基于改进 TF-IDF 特征提取的文本分类模型研究[J].情报学,2017,35(5):111-118.

[248]徐翔.从"议程设置"到"情绪设置":媒介传播"情绪设置"效果与机理[J].暨南学报(哲学社会科学版),2018,40(3):82-89.

[249]李然,林政,林海伦,等.文本情绪分析综述[J].计算机研究与发展,2018,55(1):30-52.

[250]FOWLER J H,CHRISTAKIS N A. Dynamic spread of happiness in a large social network:longitudinal analysis over 20 years in the Framingham heart study[J]. British Medical Journal,2008(337):1-9.

[251]蒋晓丽,何飞.情感传播的原型沉淀[J].现代传播(中国传媒大学学报),2017,39(5):12-15.

[252]FAZIO R H,SANBONMATSU D M,POWELL M C,et al. On the automatic activation of attitudes[J]. Journal of Personality and Social Psychology,1986,50(2):229-238.

[253]秦敏辉,周卓钊,钟毅平.网络表情图片阈下情绪启动对认知偏向的影响[J].心理研究,2015,8(3):46-50.

[254]周杨,张会平.基于群体分类的微博用户公共情绪偏好实证研究[J].情报探索,2012(11):4-6.

[255]汤景泰.网络社群的政治参与与集体行动:以 FB"表情包大战"为例[J].新闻大学,2016(3):96-101,151.

[256]黄河,刘琳琳.环境议题的传播现状与优化路径:基于传统媒体和新媒体的比较分析[J].国际新闻界,2014,36(1):90-102.

后 记

新闻传播学自其产生之时，就深深地打上了跨学科的烙印。无论是美国大众传播学的社会心理学、统计学、政治学底色，还是欧洲传播学的哲学思辨取向，都与多学科交叉的理论息息相关。2018年开始，我一直围绕"新媒体与社会治理"这一方向找寻研究选题。基于攻读博士学位期间对环境政策的系列研究，我将2017年3月国家发改委、住房和城乡建设部发布的《生活垃圾分类制度实施方案》作为研究案例，尝试从传播学的视角进行解读。由于媒介形态的更新与发展，政府政策透明度的提高，公众对公共政策的参与度也显著提升。我国的政策传播模式经历了由"控制和宣传"向"协商和互动"的转变。从政策草案出台到政策试点实施，再到扩大试点，最后政策全面推行，整个过程我和我的团队做了详尽的线上观察。从政策出台后的新媒体动员到政策的认同过程，我和我的团队都做了专题研究。

2023年8月，我们完成了整个研究和书稿的写作和校对工作，提交给西安交通大学出版社。参与研究和写作的课题组成员有张雪、邹霞、孙维苗、辛卓育、魏子航、黄鹏飞、姜慧、王明希、成悦、辛天、邱永明、李妙辉。

本书的研究和著述，参考了大量的专著、论文和网络文献。凡是引用原文、原意的地方，我们都标出了参考文献。诚挚地感谢所有为我们提供研究借鉴的学者们。本书的策划、撰写、编辑、出版，融汇了西安交通大学出版社编辑们的劳作和贡献，也凝结了我的教学和科研团队成员的努力与智慧，在此一并表示感谢。

张立

2023年10月31日